나사의 벌

NASA'S BEES

나사의 벌

발행일 2023년 2월 20일 초판 1쇄 발행
지은이 로버트 워
옮긴이 정수영
발행인 강학경
발행처 시그마북스
마케팅 정제용
에디터 신영선, 최연정, 최윤정
디자인 김문배, 강경희

등록번호 제10 - 965호
주소 서울특별시 영등포구 양평로 22길 21 선유도코오롱디지털타워 A402호
전자우편 sigmabooks@spress.co.kr
홈페이지 http://www.sigmabooks.co.kr
전화 (02) 2062-5288~9
팩시밀리 (02) 323-4197
ISBN 979-11-6862-070-4(03550)

NASA'S BEES by Robert Waugh

Additional text by Sam Hartburn
Illustrations by Jason Anscombe
Printed in China

나사의 벌

NASA'S BEES

로봇공학과 인공지능을 일군 50가지 발견

로버트 워 지음
정수영 옮김

시그마북스
Sigma Books

차례

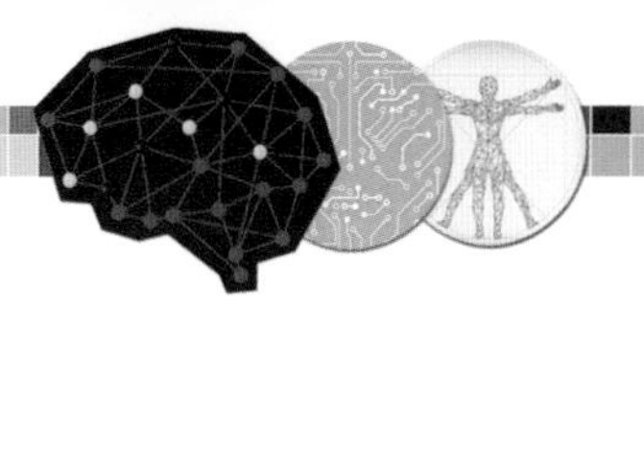

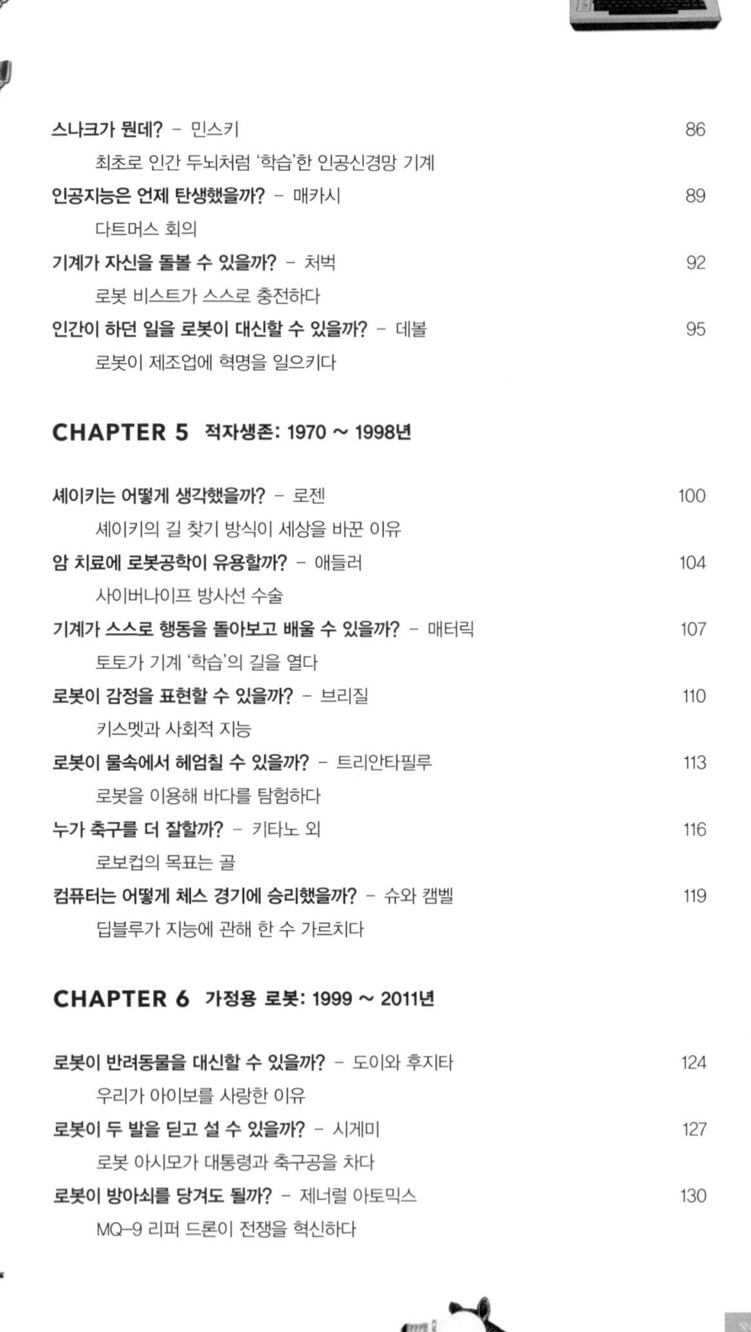
q1S0S1Rq2; q2S0S0Rq3; q3S0S2Rq4; q
Rq1;.

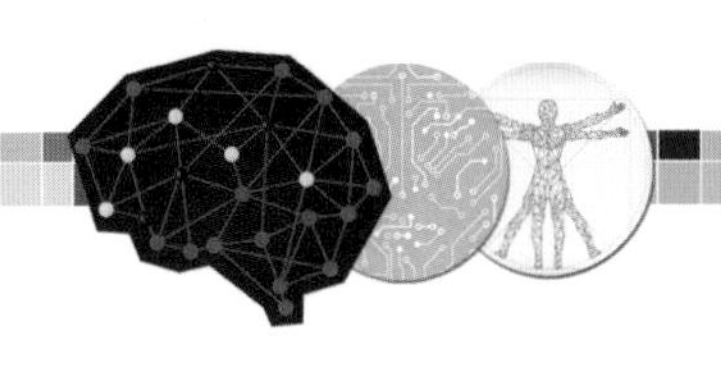

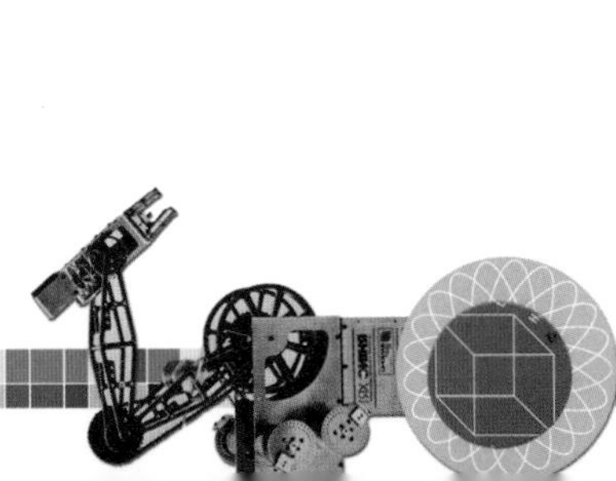

들어가며

오늘날 인공지능은 우리 삶 곳곳에 녹아 있다. 우리가 사용하는 휴대전화의 음성인식 기능이나 '스마트' 온도조절기도 인공지능으로 작동하고, 온라인으로 산 물건도 로봇이 물류창고에서 자동분류한다.

머지않아 우주 탐사부터 외과 수술까지 인간이 수행하기 어렵거나 위험한 작업을 로봇이 대신하고, 전문가들은 로봇을 이용해 전 세계와 우주까지 활동 영역을 넓히게 될 것이다.

인류가 화성 표면에 첫발을 디딜 때는 탐사단에 인간이 아닌 로봇도 끼어 있을 것이다.

하지만 인류가 어떻게 여기까지 왔는가? 이 책에서는 고대인들이 상상한 기계 하인부터 우리 미래를 바꿔놓을 첨단 기계까지 로봇공학과 인공지능 영역에서 획기적인 발전을 이룬 50가지 성과를 살펴보려 한다.

이 책에서 소개할 내용 중 어쩌면 가장 놀라운 것은 인류가 얼마나 오래전부터 자동화나 생각하는 기계에 골몰했는지일지도 모른다. 이미 기원전 4세기에 그리스 철학자 아리스토텔레스는 자동화 기계가 인간의 일상 노동을 대체하는 미래상을 이야기했다. 한편 고대 그리스 과학자들은 공기압과 톱니바퀴를 이용해 자판기부터 와인 따르는 '가정부'까지 별의별 물건을 설계하기도 했다. 심지어 증기력을 이용한 '자동장치'까지 있을 정도였다. 산업혁명으로 세상을 완전히 바꾼 증기기관이 발명되기 무려 1,500년 전이었다.

언뜻 이런 대단한 발명품들은 우리가 지금까지 알고 있던 기술사의 흐름과는 동떨어져 보인다. 고대 중국의 문헌에는 어느 발명가가 움직이는 신기한 인형을 왕 앞에 시연해 왕이 어리둥절해했다는 기록이 있다. 9세기 바그다드에서는 어느 삼 형제가 신기한 기계와 자동장치를 집대성한 책을 편찬했는데 그들이 소개한 물건 중에는 미리 정해둔 곡조를 흐르는 물을 이용해 연주하는 피리 연주자 자동인형도 있었다.

생각할 수 있는 기계가 발명되기 수백 년 전 13세기에도 가톨릭 신비주

의자 라몬 룰(Ramon Llul, 라이문두스 룰루스)은 회전하는 종이 원판의 원리를 이용해 이교도를 크리스트교로 개종시키기 위한 기계를 발명했고, 오늘날 많은 이가 룰을 컴퓨터과학의 '선지자'로 추앙한다. 여러 분야에 두각을 나타낸 천재 레오나르도 다빈치는 한 발 더 나가 팔을 흔들 수 있는 기계 기사와 어쩌면 프로그래밍 가능했을 '자율주행' 수레를 15세기에 발명하기도 했다.

산업혁명 시기에는 자카르 방직기(Jacquard loom) 같은 기계들이 현대사회의 초석을 쌓았다. 특히 컴퓨터의 개척자 찰스 배비지(Charles Babbage)는 방직기에 사용한 천공카드에 영감을 얻어 20세기 컴퓨터과학 발전의 길을 열었고, 1960년대에는 미국의 연간 천공카드 사용량이 5,000억 장이나 되었다.

최근 몇십 년 동안 로봇공학과 인공지능이 급격히 발전했지만, 이 분야의 개척자들은 그에 걸맞은 대접은 받지 못했다. 1898년 니콜라 테슬라(Nikola Tesla)의 원격조종 배 시연부터(당시로서는 터무니없는 광경이어서 기계 안에 원숭이가 들어 있다고 생각한 사람이 있을 정도였다) 1920년대 도로에 나서자 보행자들이 걸음아 날 살리라고 도망 다녔던 최초의 자율주행차(혹은 '유령차')까지 그들의 업적은 크게 인정받지 못했다. 그나마 제2차 세계대전 때 앨런 튜링(Alan Turing)이 에니그마(Enigma) 암호를 푼 일은 이제 널리 알려졌지만, 바다 반대편 다른 개척자가 개발한 컴퓨터는 연합군 폭격에 맞아 사라지고 베를린이 함락된 뒤에야 세상에 드러났다.

최근 로봇공학과 인공지능 분야의 혁신적인 연구 성과를 보면 우리의 미래를 엿볼 수 있다. NASA가 개발한 아스트로비(Astrobees)는 떠다니는 정육면체 로봇으로서 노즐을 통해 공기를 배출하며 중력이 거의 없는 국제 우주정거장 안을 '날아'다니고 있다. 아스트로비 같은 로봇들은 인류가 다시 달 탐사에 나서거나 더 멀리 화성까지 갈 때는 우주비행사들이 탐사에 집중하는 동안 우주선의 '돌보미' 임무를 수행할 것이다.

2016년 구글의 알파고(AlphaGo)가 바둑 세계 챔피언을 상대로 승리하자 알파고 개발자들은 게임의 규칙을 모를 때도 승리할 수 있는 인공지능 시스템 개발에 착수했다. 개발에 성공한다면 언젠가는 인공지능 시스템에 무엇을 어떻게 할지 알려주지 않아도 인공지능이 알아서 현실의 문제를 해결할 수 있을지도 모른다. 지금 우리가 사는 세상에서는 공상과학도 현실이 되고 있다. 이제 여기에 오기까지 발명의 역사를 함께 살펴보자.

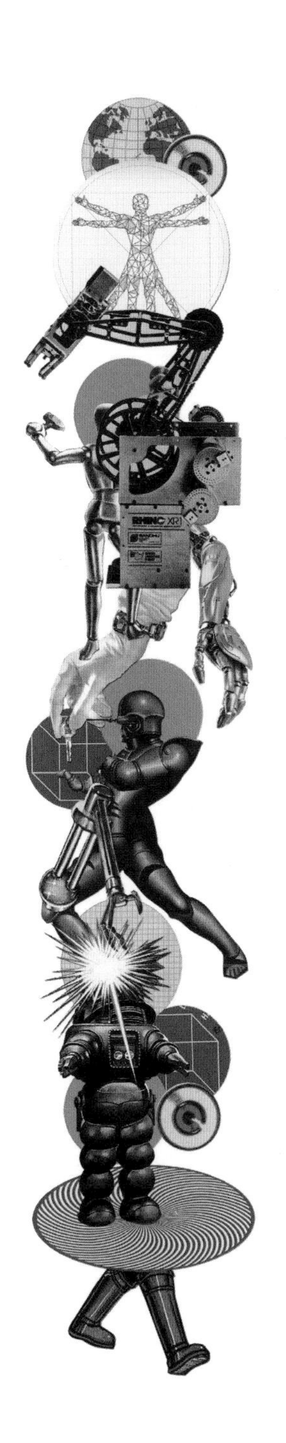

CHAPTER 1: 로봇을 꿈꾸다

기원전 322 ~ 서기 1700년

우리가 금속으로 '살아 있는' 존재를 만들 수 있기 한참 전부터 고대 사람들은 '자동장치'를 꿈꿨고, 그리스 신화에는 거대한 청동 거인과 신이 마법을 불어넣자마자 살아 움직이는 물건이 등장한다.

아리스토텔레스 같은 철학자들은 노예 대신 살아 있는 기계를 사용해 노예제도를 뿌리 뽑을 수 있는 사회를 꿈꾸기도 했다. 이 시대의 공기압 같은 기술이 훗날 스스로 움직여 새처럼 지저귀고 와인을 따르는 인형 같은 자동장치의 토대가 되었다.

2,000여 년 전에도 이미 발명가들은 증기기관과 자동판매기를 개발하고 신화 속 신들이 특수효과로 살아 움직이는 자동인형 전용 극장까지 만들었다.

그러나 물과 증기, 공기의 힘으로 사물이 살아 움직인 곳은 그리스뿐이 아니다. 바그다드에서는 삼 형제가 세계 최초의 프로그래밍 가능한 장치를 개발했는가 하면 고대 중국에서는 걸어 다니면서 말도 할 수 있는 기이한 인형이 있다는 이야기가 전해졌다.

기원전 322년

발명가:
아리스토텔레스

발명 분야:
스스로 움직이는 하인

의의:
일꾼을 대체할 수 있는 자동화 기계를 상상함

최초로 로봇을 그리기 시작한 때는 언제일까?

아리스토텔레스의 낙관주의

'자동장치(automaton)'라는 말은 호머가 기원전 8세기경 트로이 전쟁을 소재로 쓴 고대 그리스 대서사시 모음『일리아드』에서 유래했다. 시에는 신들의 대장장이 헤파이스토스 곁에서 일을 도와주는 신기한 기계가 등장하는데 그중에는 살아 움직이는 풀무, 금은으로 만든 다양한 인간 형상의 하인과 경비견도 있다. 그러나 이런 다양한 하인 중 오늘날의 로봇과 가장 비슷한 것은 호머가 '자동장치'라고 소개한 헤파이스토스의 움직이는 세발 기계다.

그리스 신화에 등장하는 '인조인간'은 이뿐이 아니다. 예를 들어 헤파이스토스가 만든 청동 거인 탈로스는 이아손과 아르고호 원정대원들이 뒤꿈치에서 큰 못을 빼버리자 몸속의 '이코르(신의 몸속에 흐르는 피와 같은 물질)'가 전부 몸에서 빠져나가 최후를 맞는다. 거인 탈로스는 이제는 할리우드의 고전 중 고전이 된 1963년 영화 〈아르고 황금 대탐험(Jason and the Argonauts)〉 속 레이 해리하우젠의 스톱모션 애니메이션에서 영원한 생명을 누리게 되었다. 그러나 아리스토텔레스가 노예를 대신할 수 있는 자동화 기계라는 개념을 고안하고 이런 기계가 사회에서 어떤 역할을 할지 고민한 것은 호머의『일리아드』이후 몇백 년이 흐른 뒤였다.

아리스토텔레스는 기원전 384년경 그리스에서 태어난 철학자이자 과학자로 플라톤의 제자였으며, 훗날 알렉산드로스 대왕의 스승이 되었다.

기술이 자유롭게 하리라

노예제도는 고대 그리스의 일상이었고 경제적 여유가 있는 집안은 적어도 노예 한 명 정도는 소유했다. 이렇게 노예가 당연한 세상에서 아리스토텔레스가 자동화 기계를 생각해냈다는 사실에 주목할 필요가 있다. "만약 사물이 다이달로스의 동상이나 헤파이스토스의 세발 기계처럼 인간의 명령을 받거나 스스로 예측해 알아서 일할 수 있다면 (중략) 직조기의 북은 스스로 옷감을 짜고 하프 채는 스스로 연주할 것이다. 감독은 일꾼이 필요 없고 주인은 노예가 필요 없을 것이다."

이 글은 두 가지로 해석할 수 있다. 하나는 조롱으로서 아리스토텔레스가 말도 안 되는 상황을 묘사하며 이런 방식으로 사회를 뒤집는다는 발상부터 비웃었다고 볼 수 있다. 다른 하나는 미래 예측으로서 일꾼과 노예를 해방시킬 수 있는 미래 기술 발전을 바라는 내용일 수도 있다.

아리스토텔레스의 의도가 무엇이었든 자동화를 노예의 해방으로 해석하는 시각은 낙관적인 편이었다. 산업혁명 시대의 기계로는 모직물보다 면직물 처리가 쉬워 최초의 공장에서는 목화솜을 기계로 가공했다. 그러나 원료는 미국 농장에서 노예가 직접 수확했다.

아리스토텔레스의 시대에서 1,000년도 더 지난 뒤 기계가 인간 작업자를 대신한다는 그의 생각은 하나둘 현실화하기 시작했고, 19세기에는 자카르 방직기 같은 기계의 등장으로 직조 속도가 크게 늘었다(40쪽).

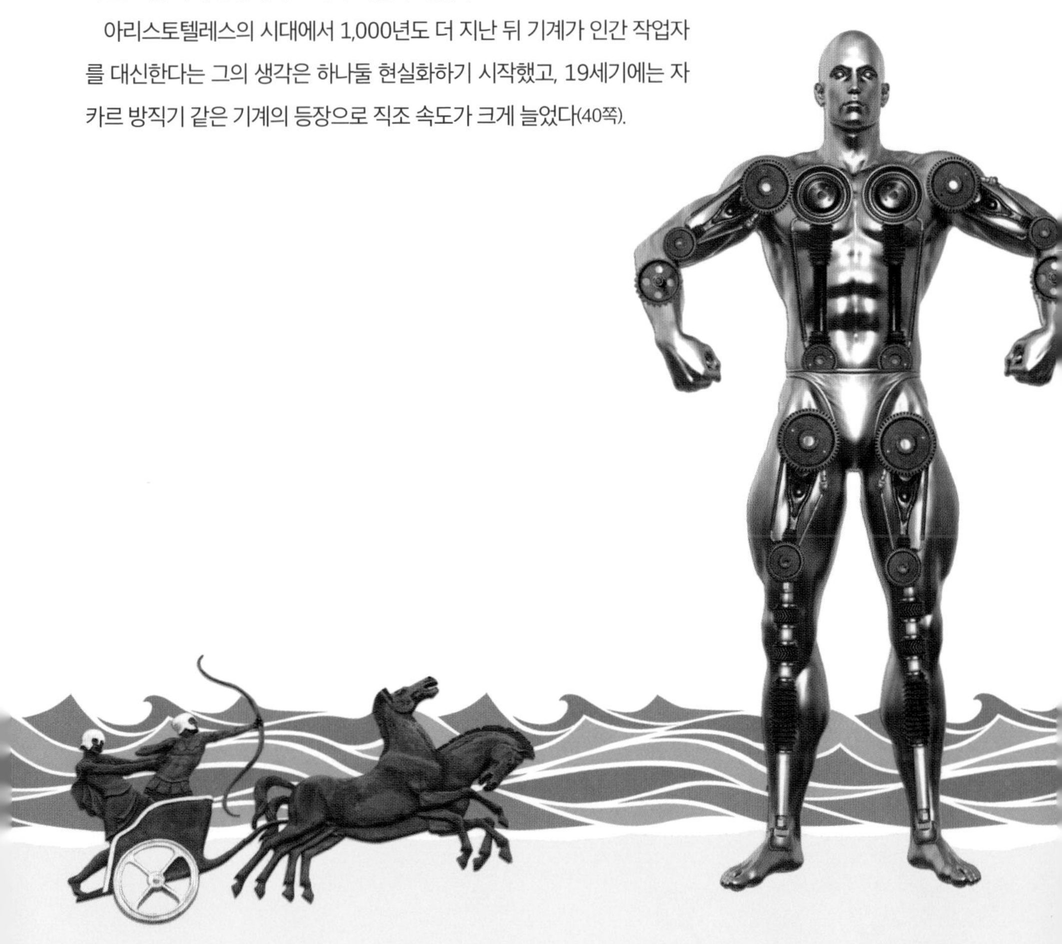

기원전 400~300년

발명가:
헤론

발명 분야:
자동장치

의의:
헤론은 스스로 움직이는 인물상과 극장, 증기기관까지 개발함

최초의 자동장치는 무엇이었을까?

헤론의 자동장치가 살아 움직이다

고대 그리스인들은 신화에 대장간에서 만든 청동 인간이 등장할 정도로 '자동장치'라는 개념에 푹 빠졌다. 그리스 과학자와 작가들은 유압과 수력, 증기력 기술 발전에 자신감을 얻어 동물 인형부터 실제 작동하는 증기기관까지 금속과 나무를 재료로 한 '살아 움직이는' 생물을 상상하기 시작했다.

이런 기계들은 보통 톱니바퀴와 밧줄 등으로 기술적 눈속임을 이용해 구현했으며, 주로 놀이나 특수효과를 위한 장난감으로 쓰였다.

기원전 2세기 무렵 철학자이자 신학자 필론은 공기압을 사용한 여러 가지 기기를 소개했고, 그중에는 잔에 와인과 물을 자동으로 따르는 인간의 모습을 한 '가정부'도 있었다(고대 그리스와 로마인들은 와인과 물을 섞어 마시기도 했다).

그러나 자동장치를 가장 왕성하게 발명한 사람은 서기 70년경까지 살았던 헤론이었다. 헤론은 당대 최고의 수학자이자 기하학자(오늘날에도 유용한 업적이 여럿 있을 정도)이면서 신기한 장난감과 움직이는 인형도 수없이 많이 설계했다.

지저귀는 새

헤론의 발명품 중 남아 있는 것은 없지만 그의 설계안은 실용적이고 실제로 동작할 수 있다. 헤론의 설계안 중에는 새들이 함께 지저귀다가 금속으로 된 부엉이가 몸을 돌려 바라보면 일제히 조용해지는 장치도 있었다.

이 유압식 자동장치는 필론의 기존 설계안을 응용한 것인데, 뒤에 숨은 관과 사이펀(대기의 압력을 이용해 액체를 하나의 용기에서 다른 용기로 옮기는 데 쓰는 관-옮긴이)

에 물을 가득 채우면 새들이 올라앉은 관이 회전하게 되어 있다. 물이 든 통에 공기를 세게 불어넣으면 새가 지저귀는 소리가 났다.

헤론은 이런 기계를 매우 많이 발명했고 그중에는 무게추와 톱니바퀴, 모래시계의 원리 등을 동력으로 이용해 자동인형이 '연기'하는 극장도 있다. 이 극장은 자동인형에 밧줄을 연결해 조종하는 장치로서 화려한 특수효과의 향연이었다. 어떤 연극에서는 술의 신 디오니소스 앞 제단에 성화가 켜지고 디오니소스가 검은 표범 위에 와인을 붓자 그의 지팡이에서는 우유가 흐르기도 했다. 디오니소스의 추종자들은 북소리에 맞춰 춤을 춘다. 무대 밖에서 원통이 회전하며 원통에 감긴 끈을 잡아당기면 각기 다른 길이의 밧줄에 연결된 무대 위 '등장인물'이 따로따로 움직였다.

헤론은 극 중 등장하는 아테나 여신을 다음과 같이 묘사했다. "장치가 아테나의 엉덩이 뒤에서 끈 하나를 당기면 아테나가 일어나 균형을 잡고 선다. 끈이 풀리면 허리를 감은 다른 끈이 당겨지며 아테나가 한 바퀴를 돌아 처음 위치에 서게 된다."

공기와 증기

극장에서 와인과 우유를 따르는 데는 공기압 기술이 쓰였고 그 원리는 헤론이 『기체역학(Pneumatica)』이라는 저서에서 상세히 설명했는데 흐르는 물과 공기압을 이용해 소리 내는 부엉이와 움직이는 신화 속 영웅들을 구현했고, 극 중 등장인물은 관객의 행동에 반응할 수 있었다.

이 모습을 헤론은 다음과 같이 설명했다. "받침 위에 작은 나무가 있고 나무 둥치를 구렁이나 용이 둘둘 감고 있다. 나무 가까이에서 헤라클레스 인형이 활을 겨누고 다른 받침 위에는 사과가 놓여 있다. 누군가가 받침에서 사과를 들어올리면 헤라클레스가 구렁이에게 활을 쏘고 구렁이는 쉭쉭 소리를 낸다." 헤론은 발명품 대부분을 신전 장면에서 '신비로운' 특수효과를 내는 용도로 만들었고, 그중에는 성화를 지피면 자동으로 신전 문이 열리는 기계와 5드라크마 동전을 넣으면 성수가 나오는 자판기도 있었다.

헤론의 발명품 중 가장 시대를 앞서면서도 별 쓸모없기로 유명한 것은 증기력을 이용해 회전하는 공이었을 것이다. 헤론은 이 원리를 "가마솥 아래 불을 지피면 중심축이 돌며 공이 회전할 것이다"라고 설명했다.

증기기관이 정식으로 등장해 유럽과 전 세계의 산업을 완전히 바꾸고 회전식 인쇄기 같은 발명품의 기틀을 닦은 것은 그 뒤 1,500년이나 지난 다음이다(46쪽).

"폐하, 제 손으로 직접 만든 물건이옵니다."

그러나 헤론 같은 발명가가 응용한 기술이 그리스에만 있었던 것은 아니었다. 중국 문헌에는 중국 왕실 발명가가 자동장치를 선보인 기록이 있고, 이 장치가 헤론의 발명보다 앞섰을 수도 있다.

중국 『열자(列子, 도교의 주요 경전-옮긴이)』에서는 다음과 같이 기원전 4세기에 왕이 어떤 신기한 자동인형을 만난 기록을 찾아볼 수 있다. "'자네 옆에 있는 저자는 누구인고?' 왕이 물었다. '폐하, 제 손으로 직접 만든 물건이옵니다. 노래도 하고 연기도 할 수 있사옵니다.' 왕은 놀란 눈으로 인형을 쳐다보았다. 인형은 고개를 아래위로 끄덕이며 빠른 걸음으로 돌아다녀 마치 살아 있는 인간 같았다. 발명가가 인형의 턱을 건드리자 정확한 곡조로 노래를 부르기 시작했다. 손을 살짝 건드리자 인형은 박자에 정확히 맞춰 동작을 바꾸기 시작했다."

이 이야기에는 물론 허구적인 요소가 있지만(왕이 발명가에게 역정을 내어 발명가는 왕 앞에서 인형을 분해하고, 발명가가 내부 부품을 하나씩 빼낼 때마다 자동인형은 기능도 감각도 하나씩 서서히 잃어간다), 고대 중국에도 자동장치가 실제 존재했을지 모른다는 흥미진진한 단서이기도 하다.

그 밖에도 기원전 3세기에 황제를 위한 기계 악단을 만들었다는 기록이 있고, 당나라 시대(7~10세기경)에는 물고기를 잡는 수달 자동인형과 구걸하는 승려 자동인형이 황실에서 유행했다는 기록도 있다.

중국과 그리스의 자동장치 모두 18세기 유럽을 휩쓴 자동장치 유행과 일본 에도시대 카라쿠리 인형극보다 1,000년 앞서 나왔지만, 후대에서 오리나 귀신을 움직일 자동화 기술의 원형을 선보였다.

기계가 미래를 내다볼 수 있을까?

안티키테라 기계가 행성의 움직임을 계산하다

기원전 100년

발명가:
미상

발명 분야:
천문학 계산

의의:
고대 그리스인은 안티키테라 기계로 일식과 월식, 천체의 움직임을 예측할 수 있었음

1900년 디미트리오스 콘토스 선장은 봄철 폭풍이 잦아들기를 기다리며 해면 채취 잠수부들을 그리스의 안티키테라 섬 해변으로 내보냈다. 그중 일리아스 스타디아티스가 청동 동상의 한쪽 팔을 들고 수면 위로 올라와 바다 밑에 더 많은 유물이 있다고 보고했다.

스타디아티스가 발견한 것은 기원전 1세기에 난파된 무역선이었다. 그렇게 해서 건져 올린 보물 중에는 이미 석회화된 덩어리도 하나 있었는데, 그 안에는 고대에 제작된 기어 바퀴가 촘촘히 차 있었다. 발굴 당시에는 고작 부품 몇 덩어리였다가 120년 동안 서서히 모양을 갖춰 나간 이 신기한 시계장치는 고대 유물 중 가장 불가사의한 물건이다. 바로 '세계 최초의 컴퓨터'라고도 불리는 안티키테라 기계로서 그 용도나 작동 원리를 최근에야 거의 밝혔다.

연구자들이 이 발견이 얼마나 대단한 것인지 알아차리는 데도 상당한 세월이 걸렸다. 고대 사회는 물론 1,000년 후 가톨릭 성당의 거대한 첨탑 시계를 제작하는 시기에도 안티키테라 기계 내부의 복잡한 구조를 전혀 몰랐다.

안티키테라 기계 연구 프로젝트(AMRP)는 전 세계 다양한 분야의 연구팀이 참가해 기계의 원리를 밝히는 과제다. 처음 이 프로젝트를 결성했을 당시에는 혹시 과거 의욕만 앞선 연구자들이 이 기계의 정교함을 과대 선전했는지 걱정하느라 오히려 기계를 제대로 평가하지 못했다고 한다. 그러나 실제로는 그 반대로 기계는 예상보다 훨씬 더 정교했다.

틀림없이 정확한 장치

유물이 발굴되자 의문이 줄을 이었다. 왜 지금껏 비슷한 물건이 발견된 적 없는가? 기계가 실제로 수행할 수 있는 일은 무엇인가? 연구자들은 기계가 천문학과 관련된 도구인 것은 밝혔지만 정확히 어떤 기능을 하는지까지 밝히는 데는 수십 년이란 세월이 더 걸렸다.

고대 그리스 로마 연구자부터 천문학자와 컴퓨터공학자까지 수많은 학자가 이 기계에 매료되었고, 이들은 기계가 어떻게 작동했는지 이해하기 위해 다양한 복제품을 만들어 미완성 부분을 복원해보고 있다.

최근 최첨단 엑스레이 기술로 기계를 촬영하니 세계 최초의 회전 문자판과 30개의 톱니바퀴가 드러났다. 당시 기계는 청동판을 사용해 제작되었고, 청동 표면에는 일종의 천문 달력으로 사용했다는 그리스어 문자가 새겨져 있다.

아마도 당시에는 중심축(지금은 유실)이 돌면서 중심 바퀴를 회전시켰고, 중심 바퀴가 한 바퀴씩 회전하며 태양력 1년을 나타냈을 것이다. 커다란 눈금판이 태양과 달의 위치를 표시하고 달의 모양 변화는 작은 공으로 표시했을 것이다. 아마도 고대인들은 이 기계로 일식, 월식 같은 천문현상을 예측할 수 있었을 것이다.

유일무이한 유물

안티키테라 기계 연구 프로젝트팀에 따르면 이 유물 외에 비슷한 기계가 전혀 없는 이유는 의외로 단순하다. 당시 청동은 매우 귀할 뿐 아니라 재활용하기 쉬운 소재였고, 무엇보다 화폐의 주재료였다. 그러니 지금까지 남아 있는 고대 청동 유물은 당시 녹여서 재활용할 수 없었을 바다 밑 난파선 발굴품이 대부분일 것이다.

연구자들은 이것 말고도 비슷한 기계가 더 있었을 것이라 굳게 믿는다. 고대 그리스 문헌에도 이런 정교한 기계에 관한 언급이 있고, 기계 본체에도 중간에 고친 흔적이 없어 아마도 비슷한 기계를 만든 경험이 풍부한 장인이 제작했으리라는 것이다.

이 기계에 매료된 사람들은 다양한 복제품을 제작했고, 그중 애플의 엔지니어 앤디 캐럴은 레고만으로 실제 작동하는 복제품을 만들기도 했다. 겉모습은 (레고라는 재료의 한계로) 원본과 똑같지는 않지만, 캐럴의 주장에 따르면 기능만큼은 아주 비슷하다.

"말하자면 아날로그 컴퓨터죠. 프로그램을 실행할 수는 없단 뜻이에요." 캐럴이 설명한다. "안티키테라 기계 원본도 제 레고 복제품도 둘 다 단순한 기계적 컴퓨터예요. 제가 크랭크를 일정 속도로 돌리면 다른 바퀴들이 목적에 맞게 일정하게 움직이는 것이죠. 여기서는 그 목적이 천체 주기를 예측하는 것이고요."

기계를 복원하다

캐럴은 안티키테라 기계의 아날로그 처리 능력이 제2차 세계대전 당시 전함에서 거리를 계산하던 기계와 비슷하다고 설명한다. 한편 런던 과학박물관의 마이클 라이트 등 다른 팀들도 부분 복제품을 개발했다. 2021년에는 영국 유니버시티 칼리지 런던(UCL) 연구팀이 안티키테라 기계의 앞면을 가동했을 톱니바퀴 시스템을 최초로 복원했다. 이미 2005년 엑스레이 연구 결과 이 기계가 어떤 식으로 일식, 월식을 예측하고 달의 움직임을 계산했는지 밝혀지만 UCL 연구팀은 이 엑스레이 연구에서 드러난 글자를 해독해 구슬 형태의 행성이 고리를 따라 움직이는 우주 천체 모형 부분을 재건했다. 여기서 연구팀은 철학자 파르메니데스의 고대 그리스 수학 계산법에 따라 당시 기계 제작자가 금성의 462년 공전 주기와 토성의 442년 공전 주기를 어떻게 정확히 나타낼 수 있었는지 역추적했다. 기계공학과 교수 토니 프리스는 다음과 같이 설명했다. "우리 복제품은 모든 물리적 증거와 빠짐없이 들어맞고, 기계 표면에 새긴 과학적 설명과 일치하는 첫 번째 모형입니다. 저희 모형이야말로 태양과 달, 행성들을 고대 그리스의 뛰어난 과학 수준 그대로 재현한 역작이라 할 수 있지요."

UCL 연구팀은 더 나아가 그 시대 장인들이 동원할 수 있었던 도구를 그대로 사용해 기계를 재건하려 한다. 그러나 안티키테라 기계 연구 프로젝트를 비롯해 많은 이들이 아직 다 밝히지 못한 비밀이 더 많이 숨어 있을 거라고 믿고 있다.

800
~873년

발명가:
자파르 무함마드 이븐 무사 이븐 샤키르, 아흐마드 이븐 무사 이븐 샤키르, 알 하산 이븐 무사 이븐 샤키르

발명 분야:
자동장치

의의:
프로그래밍 가능한 피리 연주 장치를 시대를 앞서 발명함

로봇이 곡을 연주할 수 있을까?

9세기 바그다드에서 컴퓨터 음악의 씨앗을 심다

9세기 바그다드는 칼리프(이슬람 국가의 통치자-옮긴이)의 통치 아래 로마제국의 최전성기보다 큰 제국에 속한, 세계에서 가장 부유한 도시였다. 이 시대 바그다드는 지구상에서 가장 발달한 과학의 중심지로 성장하고 있었고 이슬람 과학자들은 의학, 천문학, 화학, 수학에서 획기적인 업적을 이루었다(대수학을 뜻하는 algebra도 아랍어 al-jabr에서 유래).

당시 바그다드 지역의 과학적 성과 중에는 수백 년 후 로봇의 기초를 닦은 자동장치 기술도 있었다. 바그다드의 바누 무사, 즉 무사 형제는 세계 최초의 프로그래밍 가능한 기계를 발명했는데 곡조와 박자를 바꿀 수 있는 음악 기계였다. 다른 지역에서는 수백 년 후에야 조금이라도 비슷한 기계가 등장할 만큼 시대를 앞선 발명이었다.

칼리프 왕실

무사 형제의 아버지는 강도였다가 천문학자 겸 엔지니어로 전향한 무사 이븐 샤키르였다. 삼 형제는 아버지의 뒤를 이어 칼리프의 지원을 받으며(경쟁자들과의 권력 다툼에서는 자유롭지 못했지만) 왕실을 위해 일했다. 형제 중 자파르 무함마드는 기하학과 천문학에 능했고, 알 하산은 기하학에, 아흐마드는 기계공학에 뛰어났다(아마도 자동장치 발명의 핵심 인물이었을 것이다). 이들은 수학과 천문학 저서를 공동 저술하기도 했다.

이들은 아버지의 죽음 이후 칼리프 알 마문이 후원자로 나서면서 세상에 이름을 알리게 되었다. 알 마문은 (알렉산드리아 도서관 이후 가장 방대한 자료를 보유했다고 전해지는) '지혜의 집'을 세우고 천문대를 설치했다. 그는 삼 형제를 지혜의 집에 불러들여 위도 측정 등 중요한 임무를 맡겼고, 삼 형제는 사막에서 놀라울 정도로 정확하게 위도를 측정했다.

과학사학자 자말 알 다바흐는 저서 『과학 인물 사전(Dictionary of Scientific

Biography)』에서 이들을 다음과 같이 소개했다. "무사 형제는 그리스 수학을 연구해 아랍 수학의 기초를 닦은 최초의 아랍 과학자들이다. 바누 무사를 그리스 수학의 후예라고 부를 수도 있지만, 이들은 고전 그리스 수학의 전통에 머물지 않고 독자적인 길을 개척해 새로운 수학적 개념의 기초를 닦았다."

바누 무사는 면적과 부피 측정, 태양과 달의 움직임 관찰, 1년의 길이 측정 등에서 중요한 발견을 하고 저술 활동도 활발해 20권 이상의 책을 썼으며, 그중 몇 권은 오늘날까지 전해진다. 그러나 가장 잘 알려진 것은 마법 같은 기계장치들이었다.

독창적인 기계

바누 무사의 가장 유명한 업적은 『기발한 기계 모음집(Book of Ingenious Devices)』으로서 신기한 기능의 '눈속임' 주전자를 다양하게 모아 설명했으며, 그중에는 (내부에 숨은 부분을 활용해) 두 가지 액체를 섞이지 않게 부어 넣었다가 따로따로 따라내는 주전자도 있었다.

그로부터 500년 후 아랍 역사학자 이븐 칼둔은 "놀랍고 신기하고 뛰어난 기계장치가 모두 등장하는 기계공학책이 있다"고 기록하기도 했다.

기계 중 대다수는 그저 진기한 물건으로서 발명했지만, 책에 등장하는 100가지 정도의 발명품 중에는 바다 밑에서 물건을 집어 올릴 수 있는 조개 집게나 우물 안에서 오염된 공기를 빼내는 풀무 형상의 기계처럼 실용적인 물건도 있다.

또 다른 발명품 중에는 정해진 만큼만 물을 배출(공중화장실에서 물 절약을 위해 변기 수조 위에 설치하는 세면대와 비슷한)하는 기계도 있다. 고대 그리스 작가들이 고안한 주제를 이리저리 변형한 발명품도 있고, 완전히 새로운 발명도 있었다.

풍악을 울려라

그러나 바누 무사가 발명한 음악 기계야말로 가장 혁신적인 발명품으로, 그중 하나는 (오늘날 전자음악에서 사용하는 것과 비슷한) 세계 최초의 음악 시퀀서(sequencer, 미리 정해진 순서에 따라 일정하게 연주하는 자동 연주장치-옮긴이)이자 최초로 프로그래밍이 가능한 기계였다.

875년에 만들었을 것으로 추정되는 이 기계는 물이 일정한 속도로 흐르는 힘을 이용해 연속된 음을 연주할 수 있었다. 기계의 외형은 연주자가 손가락으로 관악기를 연주하는 모습이었다. 형제들은 기계를 다음과 같이 소개했다. "어떤 선율이든 끊이지 않고 자동으로 연주하고, 우리가 원할 때 원하는 곡조로 바꿀 수도 있는 이 악기를 어떻게 제작하는지 그 원리를 설명하고자 한다."

악기 내부에는 숨은 공간이 있어 이 공간에 흐르는 물이 피리에 공기압을 불어넣었다. 이미 그리스와 중국에서도 관악기를 연주하는 자동장치가 있었으니 여기까지는 독자적인 기술이 아니었다. 그러나 이전의 자동장치는 단순히 같은 곡조를 반복했을(혹은 관에 공기를 밀어 넣어 휘파람 소리를 내는 데 그쳤을) 뿐이었다.

바누 무사의 발명품이 다른 자동 음악장치보다 탁월한 이유는 인형 내부의 구조 때문이다. 인형 안에는 후대의 오르골에 사용하는 것과 비슷한 바늘 달린 원통 장치가 있어 흐르는 물의 힘으로 회전했다.

이 내부의 원통을 원하는 대로 프로그래밍하고 교체할 수 있어 형제는 음악의 선율과 박자까지 다양하게 바꿀 수 있었다. 인류 역사상 프로그래밍이 가능한 첫 기계로서 초기 컴퓨터의 시조인 것이다. 실제로 전문가들은 후대에 이와 견줄 만한 기계는 연속된 규칙에 따라 연주하는 시퀀서 정도로서 20세기에 와서야 발명되었다고 입을 모은다. 그러니 9세기 바그다드에서 탄생한 자동 피리 연주장치는 컴퓨터 음악 분야 전체의 조상이라고도 볼 수 있다.

우리의 생각을 기계화할 수 있을까?

라몬 룰의 볼벨이 생각을 자동화하다

1200 ~1300년

발명가:
라몬 룰

발명 분야:
생각의 자동화

의의:
최초의 '기계적' 사고방식이 후대 과학자들에게 큰 영향을 미침

13세기 크리스트교 신비주의자가 21세기 컴퓨터과학자와 공통점이 있기나 할까? 언뜻 별로 없어 보일 것이다. 그러나 오늘날 컴퓨터과학자들은 1232년 마요르카에서 태어나 1315년 튀니스에서 사망한(크리스트교로 개종시키려 했던 이슬람교도 무리가 던진 돌에 맞았다고 전해짐) 소설가이자 시인 라몬 룰을 우러러보고 영감을 얻는다.

라몬 룰은 30세이던 어느 날, 아마도 외설적인 사랑의 시를 짓다가 십자가에 달린 예수의 환시를 보며 삶이 완전히 바뀐다. 그 뒤로 룰은 선교사업에 몸을 던져 북부 아프리카 등 여러 곳을 돌아다니며 그 지역 사람들에게 크리스트교를 전파했다.

룰은 모국어인 카탈로니아어를 발전시키고 전파했으며, 그가 제안한 선거 방식은 시대를 앞선 발상으로 유명하다. 그러나 신기하게도 오늘날 컴퓨터과학자들이 가장 경탄하는 저술은 원래 이슬람교도를 크리스트교로 개종시키기 위해 설계한 논리 기계였다.

생각하는 기계

룰은 이슬람교도를 크리스트교로 개종시키는 데 기존의 공개 토론 방법이 별 효과가 없다는 점에 착안했다. 그는 이교도를 개종시키려면 신에 관해 진실을 스스로 생성하고 증명하는 원리를 찾아내야 한다고 생각했다.

그는 종이 동심원 회전판인 볼벨(volvelle)이라는 장치를 사용했는데 철학저서 『일반 개종론(Ars Magna Generalis Ultima, 위대하고 보편적인 궁극의 비법)』에서 볼벨에 관해 상세하게 설명하기도 했다. 볼벨이 룰의 독창적인 발명은 아니었지만 룰이 이 종이 기계를 활용한 방법은 매우 독창적이었다.

룰은 이 '생각하는 기계'를 설계할 때 아랍 점성술사들이 아이디어를 내기 위해 사용하던 자이르자(zairja)라는 도구를 참고했다고 한다.

룰이 이 논리 기계를 설계한 목적은 생각을 기본 단위로 나누어 무작위로 연결하는 것이었다. 동심원 판을 회전시킴으로써 가능한 모든 논리적 조합을 도출할 수 있기 때문이다. 동심원의 바깥쪽 원판에는 신의 아홉 가지 이름을, 안쪽 원판에는 신의 특성을 기록했다.

희귀 문서 연구자 수잔 카는 논문 「신성하면서 세속적인 구조물(Constructions Both Sacred and Profane)」에서 다음과 같이 설명했다. "제대로 활용한다면 이 아홉 글자씩 3중 원 조합으로 (중략) 모든 피조물과 미래에 관한 의문뿐 아니라 종교적 논란을 해결하기 위한 질문까지 답할 수 있었다."

룰은 이 기계를 회전시켜 서로 다른 개념을 무작위로 연결할 수 있었고, 이 조합에 따라 신성의 모든 면을 자동으로 고루 조명할 수 있었다. 볼벨은 신의 이름과 특성을 글자로 나타내고, 사용자는 중앙에 핀으로 연결된 동심원 판 3개를 회전시켜 각 원판에 글자의 조합에 따라 세 가지 개념을 조합할 수 있었다.

룰은 원래 수형도를 읽어 아이디어를 내는 논리 기계를 고안했었다. 그러나 회전하는 동심원 판 형태를 생각해내자 기계에 자동화 요소가 추가되어 후대의 사상가들에게 큰 영향을 끼쳤다.

돌아가는 아이디어

기계로 생각의 단위를 나타낸다는 아이디어는 혁명적이었다. 룰은 별의 위치를 이용해 야간에 시간을 계산하는 (의사가 정확한 시간에 약을 투여할 수 있도록 돕는) 밤하늘(Night Sphere)이라는 볼벨도 고안했고, 이 도구는 유럽 전역에서 날짜와 천문현상을 계산하는 데 널리 쓰였다.

그러나 볼벨을 사용해 서로 다른 개념을 연결하는 라몬 룰의 발상이야말로 현대식 컴퓨터의 시조를 만든 또 다른 발명가에게 직접 큰 영향을 미친 중요한 업적이었다. 이 발명가는 바로 17세기 독일의 발명가이자 여러 분야에 두각을 나타낸 천재 고트프리트 빌헬름 라이프니츠였다.

라이프니츠는 20세에 불과할 때 「조합술에 관하여(On the Combinatorial Art)」라는 논문을 발표해 인간의 사고를 기본 단위로 나눌 수 있고 각각의 단위는 기호(인간 사고의 문자)로 나타낼 수 있다는 주장을 펼쳤다.

그는 어떤 질문에든 답을 주고 어떤 논쟁이든 해결할 수 있는 논리 계산기(궁극의 사고 도구)를 창조하려 했다.

룰의 생각이 실현되다

라이프니츠는 자신의 논리 계산기를 라몬 룰의 꿈을 실현할 수 있는 기계로 소개했고, 바로 이런 라이프니츠의 홍보 덕택에 룰은 현대 컴퓨터과학의 창시자라는 명성을 얻게 되었다. 라이프니츠는 다음과 같이 주장했다. "아무리 논란이 발생하더라도 계산기 둘이 서로 논쟁하지 않듯, 철학자도 서로 논쟁을 벌일 이유가 없다. 그저 각자 연필을 들고 주판 앞에 앉아 서로(혹시 도움을 받기 위해 친구를 불렀다면 친구에게도) 이렇게 말하면 된다. '계산합시다!'"

라이프니츠가 소리 높여 주장한 '계산합시다(Calculemus)!'라는 구호는 기계가 인간의 문제를 해결할 수 있다는 낙관적인 미래상을 나타낸다. 라이프니츠는 수학자가 수학 문제를 풀듯 논리 계산기로 철학적인 문제나 신학적인 문제를 쉽고 매끄럽게 해결하기를 바랐고, 그럼으로써 논리 계산기가 '만능 기계'로 남기를 바랐다.

그는 1671년 톱니바퀴를 돌려 곱셈을 할 수 있는 계산기를 만들었다. '단계 계산기(Step Reckoner)'라는 이름이 붙은 이 기계는 덧셈을 반복해 곱셈을 수행하는 기계였다. 라이프니츠는 비록 단계 계산기에는 적용하지 않았지만 (오늘날 거의 모든 컴퓨터에 쓰이는) 2진법 사용을 주장했고, 진공관이나 트랜지스터가 아닌 물리적 구조물을 이용해 2진법으로 계산할 수 있는 기계를 생각하기도 했다.

라몬 룰은 독창적인 발상으로 13세기 당시에는 상상도 할 수 없었던 새로운 기술을 예견했다. 라이프니츠 덕택에 오늘날 많은 이들이 라몬 룰을 '컴퓨터과학의 선지자'이자 정신이 아닌 기계적인 방식의 논리적 추론을 꿈꾼 최초의 인간으로 추앙하고 있다.

1495년

발명가:
레오나르도 다빈치

발명 분야:
자동장치

의의:
기계적 자동장치를 (그리고 아마도 프로그래밍 가능한 기계를) 발명함

그럴싸한 그림일까, 구현할 수 있는 과학일까?

레오나르도 다빈치의 자동화 실험

〈모나리자〉를 창조한 예술가 레오나르도 다빈치는 왕성한 창작욕으로 날개 달린 비행복부터 나선형 회전 날개가 달린 헬리콥터까지 노트 수천 장 위에 수많은 발명을 쏟아내기도 했다. 수많은 발명 아이디어 중 다빈치 생전에 완성한 것은 거의 없고 대부분은 그가 남긴 노트에 유려한 그림으로 남아 있을 뿐이다. 그러나 그중 로봇 또는 기계 기사를 다빈치가 생전에 제작했으리라고 주장하는 사람도 있다.

르네상스인

1452년 피렌체공화국에서 출생한 다빈치는 회화와 조각, 건축과 공학까지 두루 이름을 떨친 다재다능한 천재로서 궁극의 '르네상스인'이었다. 공증인의 혼외자로서 14세에 학교를 떠나 피렌체의 저명한 예술가 안드레아 델 베로키오의 도제가 되었다. 도제로서 미술을 수련했지만, 라틴어도 배우지 못했고 학교에서는 수학도 조금 배웠을 뿐이었다. 발명에 필요한 과학 지식은 모두 스스로 관찰을 통해 얻은 것이었다. 다빈치는 미술에 뛰어난 재능을 지녔고, 미술에 필요한 인체생리학까지 습득해 나중에 이 기술을 기계에 활용했다.

다빈치의 발명품 중에는 한눈에도 전쟁이 연상되는 기계가 많고, 그중에는 잠수부들이 걸치고 적의 전함 아래로 걸어 들어가 선체에 구멍을 낼 수 있는 잠수복도 있었다. 다른 발명품은 장갑차로서 실제 전쟁에 도입한 장갑차를 400년이나 앞섰다. 어찌 보면 다빈치가 발명한 기계 인간이 중무장한 중세 기사의 형상인 것도 당연한지 모른다.

1482년 다빈치는 〈최후의 만찬〉 제작을 의뢰한 루도비코 스포르자 백작의 전속 화가이자 기술자로 일하기 위해 밀라노로 이사했다. 스포르자 백작의 후원 아래 다빈치는 밧줄로 조종해 팔을 흔들고 입을 열었다 닫을

수 있는 기계 '기사'를 발명했다. 외형은 무장한 게르만 기사의 모습이었다. 그러나 다빈치가 이 로봇 기사를 실제로 제작했는지는 분명하지 않다.

움직이는 로봇 기사

오늘날 어떤 학자들은 다빈치가 로봇 기사를 제작했을 뿐 아니라 스포르자의 조각 정원에서 전시하기까지 했다고 주장한다. NASA와 록히드 마틴용 로봇을 설계한 로봇공학자이자 다빈치 스케치 수집광인 마크 로셰임은 로봇 기사를 다빈치가 실제 제작했을 뿐 아니라 오늘날에도 당시 설계안 대로 만들 수 있다고 굳게 믿었다. 그는 1990년대에 NASA의 의뢰로 인간의 근육과 관절을 모방한 '인간 로봇(anthrobot)'을 5년 동안 개발할 때도 다빈치의 상세한 인체도를 활용했다. 로셰임에 따르면 근육을 전선처럼 표현한 다빈치의 그림이 인체를 로봇 형상으로 나타내는 데 도움이 되었다고 한다.

로셰임은 또 다빈치의 로봇 기사가 완벽하게 작동했다고 주장했다. 그는 어느 인터뷰에서 다빈치의 로봇이 "일어나 앉고 팔을 흔들었으며 유연한 목을 이용해 머리를 움직였고 해부학적으로 정확하게 구현한 입을 여닫을 수 있었다. 어쩌면 북 등 자동 연주 악기의 연주에 맞춰 소리를 냈을지도 모른다"라고 설명했다. 2002년 BBC 방송의 의뢰로 이 로봇 기사의 모형 제작에 도전한 로셰임은 자신이 예상한 대로 실제 작동하는 로봇을 만들어냈다.

태엽장치 사자

다른 예술가들도 다빈치가 남긴 스케치북 그림에 따라 자동장치를 재현했다. 그중 '로봇' 사자는 2009년 베네치아 출신 자동장치 설계자 레나토 보아레토가 재현했다. 높이 1미터 남짓에 길이는 2미터나 되는 이 태엽장치 사자는 입을 여닫고 꼬리를 흔들고 걸을 수 있었으며, 마치 포효하는 듯한 동작도 할 수 있었다. 보아레토는 다빈치가 전시용으로 설계했다고 전해지는 태엽장치 사자 설계도 3종을 바탕으로 이 로봇 사자를 구현했다.

보아레토는 또 사자가 어떤 원리로 동작했을지 추정하기 위해 다빈치의 다른 글과 그림도 연구했으며, 그중 톱니바퀴와 도르래를 이용한 태엽장치 연구를 참고해 결국 태엽장치 인형을 닮은 로봇을 제작했다.

마크 로셰임은 200년 후 자크 보캉송이 전시한 오리 자동장치처럼(41쪽) 다빈치도 로봇 사자 같은 기계를 자동장치 전시 등에 선보였으리라고 생각한다.

자율주행 수레

그러나 다빈치의 자동화 연구는 이보다 훨씬 더 진보했을 것이다. 로셰임은 다빈치의 다른 발명품, 그중 용수철의 힘으로 움직이는 수레로 현대식 자동차의 조상이라고 평가받기도 하는 자율주행 수레 설계도를 분석했다. 수백 년 동안 여러 전문가가 구현하려 해 봤지만 제대로 작동한 적은 없었다. 그러나 로셰임은 설계도에 표시되지 않은 기계 부분이 더 있고, 자율주행 수레 완성작은 프로그래밍 가능했다고 주장한다. 그의 생각대로라면 다빈치의 자율주행차 설계는 더욱 더 선견지명 있는 발명품일 것이다.

카라쿠리 인형의 작동 원리는?

카라쿠리 인형으로 일본이 로봇 사랑에 눈뜨다

1600년대

발명가:
오미 타케다

발명 분야:
태엽 인형

의의:
일본인들이 태엽장치 '로봇'을 가정에 받아들임

인형이 쟁반에 찻잔을 받쳐 들고 무표정하게 앞으로 굴러온다. 손님이 찻잔을 집어 들면 인형은 행동을 멈추고 조용히 기다린다. 손님이 빈 찻잔을 내려놓으면 인형은 고개를 끄덕이며 예의 바르게 천천히 굴러간다.

이렇게 찻잔을 나르는 로봇은 일본의 독특한 발명품이다. 수백 년 동안 인형극 무대에 서고, 신기한 물건으로서 부유한 일본 가정에 놓였던 일본 카라쿠리 인형 중 한 종류이기도 하다.

일본에서 카라쿠리 닝교(인형)라고 부르는 이 로봇은 일본 에도시대(1603~1868년)에 발명되었다. 일본 기술자들이 서구의 시계 제작 기술을 응용해 인형극 공연용으로 살아 움직이는 듯한 신기한 인형을 발명한 것이다.

그 후 수백 년 동안 카라쿠리 인형은 인기를 끌었고, 이런 인기는 일본의 오랜 로봇 사랑의 시초였는지 모른다. 산카이 요시유키 같은 로봇공학 개척자들이 서구 사회보다 일본 사회가 로봇에 훨씬 호감을 보인다고 평가하고, 소비자 로봇에서도 로봇 강아지 아이보(Aibo)나 걸어 다니는 로봇 아시모(ASIMO) 같은 획기적인 발명품이 일본 기업에서 주로 개발되는 것도 이런 인기 덕택일 것이다.

인류학자 조이 헨드리는 일본의 문화 역사를 다룬 저서 『일본은 지금 노는 중(Japan at Play)』에서 다음과 같이 서술한다. "카라쿠리 자동인형은 오늘날 일본에서 눈부시게 발전하고 있는 로봇의 원형이었다. (중략) 일본인들은 카라쿠리 인형을 다루며 로봇이란 기계를 길들이는 법을 익힌 듯하다."

꾸준한 발전

카라쿠리 인형의 역사는 예수회 선교사 프란치스코 하비에르가 스오의 당주 오우치 요시타카에게 헌정한 일본 최초의 시계로 거슬러 올라간다. 일본 장인들은 시계장치를 분해해 모방하며 금세 원리를 터득했고 새롭게 응용할 수 있었다.

그 후 오사카의 사업가이자 극단 단장 오미 타케다는 태엽과 스토퍼, 기어 같은 장치로 움직이는 인형을 만들어 오사카의 도톤보리 유흥가에서 인형극을 공연했다. 인형극장은 근처 운하에서 끌어온 물을 동력으로 움직이고, 극 중 인형들은 공중그네 위에서 물구나무서기를 하는 등 정해진 양식에 따라 움직였다.

에도시대 소설가 이하라 사이카쿠는 카라쿠리 인형을 본 설렘을 다음과 같이 표현했다. "타케다가 만든 기계 인형은 중심에 용수철을 넣은 바퀴가 있어 어느 방향으로든 움직일 수 있고 찻잔도 들 수 있다. 인형의 눈과 입, 발의 움직임과 팔을 뻗는 자세, 고개 숙여 인사하는 자세는 너무 빼어나서 마치 살아 움직이는 듯하다."

카라쿠리 인형은 오사카의 명물이 되었고 '타케다 카라쿠리 극장에 가보지 않았으면 오사카를 본 게 아니다'라는 말이 있을 정도였다.

동과 서

타케다 극단은 1741년 에도를 방문해 공연을 펼쳤고, 식을 줄 모르는 인기에 1757년에 한 번 더 에도를 방문했다. 첫 공연 제목은 '어머니 뱃속에서 열 달'로 3개월 된 아기 인형이 무대에 등장해 피리를 불고 똥을 누었다. 18세기 프랑스에서 수많은 관객의 지갑을 열었던 자크 보캉송의 똥 싸는 로봇 오리와 비슷한 설정이다(41쪽). 그 밖에도 다양한 인형이 등장해 신이나 귀신, 해골 등을 연기했다. 훗날 일본 전통극에서 인간 배우들의 양식화된 연기 방식은 아마도 카라쿠리 인형이 무대 위에서 보이는 끊어지는 듯한 동작에서 영향을 받았을 것이다.

카라쿠리 인형은 극장 밖으로도 활동 무대를 넓혀갔다. 종교 축제에는 대형 카라쿠리 인형이 거리행진용 꽃수레를 타고 등장했다. 부유한 집안의 손님맞이용으로는 '자시키 카라쿠리' 또는 '다다미방 인형'을 제작해 봉

건 영주들이나 고위 관리들이 잔치용으로 사용하기도 했다.

이 중 가장 인기를 끈 것은 '차하코비 닝교'로서 태엽장치와 안쪽의 숨은 바퀴를 이용해 손님에게 차를 건네고 주인에게 돌아오는 자동인형이었다. 인형이 손님에게 차를 '가져다드릴' 수 있도록 손님이 앉은 곳까지의 거리를 미리 정하는 기능도 인기였다. 카라쿠리 인형 내부의 톱니바퀴는 원래 숙련된 장인이 나무를 깎아 만들었고 용수철 대신 고래수염(고래 입속에서 먹이를 걸러내는 데 쓰이는 뻣뻣한 털)을 썼다. 그래서 순수파 카라쿠리 애호가들은 오늘날 금속이나 플라스틱으로 만든 용수철로는 전통 카라쿠리의 은은한 움직임을 만들 수 없다고 주장하기도 한다.

카라쿠리와 로봇산업의 발달

오늘날 일본의 첨단 과학산업은 카라쿠리 인형 장인과 직접적인 연관성이 있다고도 할 수 있다(최초의 산업용 로봇 유니메이트가 등장했을 때 일본이 가장 적극적으로 도입함, 96쪽).

도시바의 전신을 창업한 다나카 히사시게는 1799년생으로 전구를 비롯해 다양한 신기술을 발명해 '일본의 에디슨'이라는 별명까지 얻은 발명가다. 발명가로 성공하기 전 10대에는 카라쿠리 인형 장인으로 이름을 날렸고, 그가 만든 인형 중에는 활쏘는 인형과 편지 쓰는 인형도 있다. 다나카는 유압과 중력, 공기압을 이용해 기계식 카라쿠리 인형을 제작했다. 그 중 활 쏘는 소년 인형인 '유미히키 도지'는 태엽장치, 레버 달린 실 13가닥과 움직이는 부품 12개가 있어 화살을 4개 주워 목표를 향해 쏘고 한 발은 어김없이 빗맞도록 '프로그래밍'할 수 있었다. 다나카는 일본 전역을 돌며 인형을 선보여 유명인사가 된 뒤 도쿄에 진출해 정부를 위한 전보 시스템을 개발했다.

오늘날 카라쿠리 인형은 전시나 관광객용 공연에 주로 등장한다. 로봇을 친숙하게 여기는 독특한 문화 덕택에 일본에는 접객용 로봇과 양로원 도우미 로봇이 발달하고 사이버다인(Cyberdyne)과 같은 첨단 로봇 기술 기업(145쪽)도 많다. 일본 정부는 로봇공학에 적극적으로 투자하고 있으며, 〈재팬 타임스〉 신문은 최근 일본인들이 고령화 대책으로 '이민이 아닌 자동화'를 원한다는 기사를 싣기도 했다.

CHAPTER 2: 자동화와 산업

1701 ~ 1899년

산업혁명이 시작되면서 새로운 아이디어가 꽃피고 최초의 '자동화' 기계가 쏟아져 나왔다. 움직이는 부품이 있는 첫 농기계부터 천의 무늬가 정교해 회화 작품으로 깜빡 속을 정도였던 방직기까지 여러 가지 기계를 '프로그래밍할 수 있게' 되었고, 또 발명품의 국가적 가치가 높아져 현대식 컴퓨터 천공카드를 처음 도입한 자카르 방직기는 나폴레옹이 프랑스 밖으로 수출을 금지할 정도였다.

토머스 베이즈 등은 탁월한 혜안으로 확률 이론을 정립해 100여 년 뒤 로봇공학의 핵심을 이룰 데이터 과학의 기틀을 잡았다. 한편 발명가 찰스 배비지는 자기 생전에 구현할 수 없을 만큼 시대를 앞선 계산기 두 대를 발명했고, 동료 에이다 러브레이스는 아직 존재하지도 않는 이 기계에 쓸 최초의 컴퓨터 프로그램을 개발했다.

1701년

발명가:
제스로 툴

발명 분야:
농업 자동화

의의:
구동부가 있는 최초의 농기계를 개발함

파종을 더 효율적으로 하려면?

제스로 툴의 파종기로 농업 생산성의 차원이 달라지다

오늘날의 시각으로는 말이 끄는 18세기식 파종기가 자동화 시대의 첫발을 뗀 기계라면 믿기 어려울 것이다. 그러나 영국 버크셔 헝거포드 근처의 한 농장에서 처음 시험 가동한 이 씨앗 심는 기계는 농업을 완전히 바꿔놓았다. 그뿐이 아니다. 이 농기계를 시작으로 기계가 명령대로 움직이는 시대가 열렸다.

제스로 툴은 영국 시골 농부로서 후대에 '역사상 농업을 가장 많이 발전시킨 인물'이라는 명성을 얻게 되었고, 산업혁명 시대를 이끈 혁신적인 기계 중에도 그의 발명을 토대로 탄생한 것이 많다.

툴의 파종기는 농기계로서는 최초로 구동부가 있어 노동 효율을 높였고, 노동력을 줄이는 데도 큰 공헌을 했다. 툴의 농업 혁신 아이디어 중에는 상식을 벗어난 것도 많아 툴의 발명품을 완강히 반대하는 사람도 많았다(후대 역사학자 중에는 툴을 '괴짜'로 평가한 사람도 있었다).

파이프의 꿈

툴은 1674년에 태어나 파이프 오르간을 배우고 변호사가 되려 공부하다가 가업인 농장으로 돌아왔다. 농장일이 비효율적으로 돌아가는 데 못마땅했던 그는 노동력을 절감하기 위해 파종기를 발명했다. 당시 파종 방식은 고랑을 판 뒤 사람 손으로 씨앗을 뿌리는 방식이어서 버려지는 씨가 많았다.

툴은 일꾼들에게 정확한 간격으로 띄엄띄엄 구멍을 파고 씨를 심으라고 지시했지만, 일꾼들은 이런 새로운 방식을 따르지 않으려 했다. 농학자 존 도널드슨은 1854년 저서 『농업에 관하여(Agricultural Biography)』에서 툴이 "새로운 방식을 제안하는 사람이라면 누구나 겪는 난관에 부딪히고… 옛날식 농기구는 농사 방식에 잘 맞지도, 제대로 작동하지도 않았으며, 일꾼들은 재주가 없을뿐더러 그의 말을 귀담아듣지도 않았다"라고 당시 상황

을 묘사했다.

일꾼들이 제 맘 같지 않자 불만이 쌓인 툴은 1701년 드디어 일꾼을 대체해버릴 기계를 발명했다. 툴은 언젠가 본 파이프 오르간의 분해된 모습을 떠올려 기계를 설계했다. 앞쪽 쟁기가 흙에 구멍을 뚫으면 뒤쪽 원통이 회전하며 씨앗을 호퍼(hopper, 씨앗을 담는 V자형 용기-옮긴이)에서 깔때기로 보내고, 씨앗은 깔때기를 거쳐 구멍으로 쏙 들어가는 방식이었다. 씨앗을 넣은 뒤에는 기계가 지나가면서 써레(갈아놓은 땅의 흙을 고르는 농기구-옮긴이)가 자동으로 위에 흙을 덮었다.

처음에는 사람이 끌며 한 번에 한 줄씩 파종할 수 있는 1인용 기계를 설계했지만, 다시 개선을 거쳐 말이 끌며 한 번에 세 줄을 나란히 파종할 수 있는 기계를 개발했다. 툴은 이 기계의 우수한 효과를 다음과 같이 설명했다. “파종할 때 모든 씨앗을 더 깊지도, 더 얕지도 않게 딱 알맞은 깊이에 심을 수 있다. 실수로 흙을 덮지 않거나 깊이 파묻어버릴 위험이 없으니 조금도 실수가 발생할 일이 없다.”

번창한 농장의 번창한 나날

도널드슨에 따르면 일꾼들은 ‘옛날 도구로 천천히 일하려고 새 기계를 일

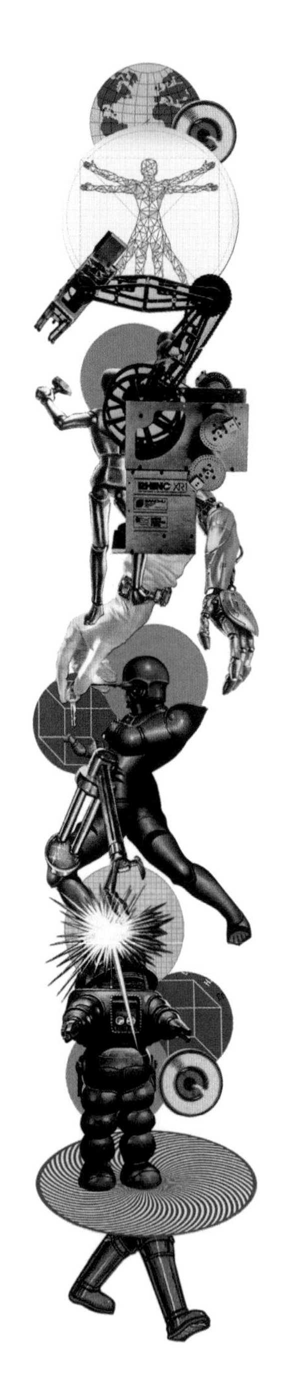

부러 고장 내며' 새로운 기술 도입에 소극적이었다. 그러나 새로운 기계로 씨앗을 3분의 1이나 절약하자 툴의 '번창한 농장(Prosperous Farm, 툴의 농장 이름-옮긴이)'은 수익을 내고 더욱 번창했다.

툴은 또 말이 끄는 기계식 괭이도 발명해 작물이 심긴 열이랑 사이의 잡초를 효율적으로 제거했고 농장의 생산 효율은 더욱 높아졌다. 그는 프랑스와 이탈리아를 다니며 포도 농장에서 덩굴이 심긴 열이랑 사이 흙을 갈아엎어 작물이 물을 쉽게 흡수하고 퇴비량은 줄여도 되는 특유의 경작법을 인상 깊게 보았다.

이상한 발상

포도 농장 경작법을 인상 깊게 본 툴은 1731년 이런 경작법을 책으로 출판했고, 제목은 『말을 사용한 괭이 경작법, 또는 식물의 생장과 토지의 원리를 논함. 새로운 경작법을 소개하며(Horse-hoeing Husbandry Or, An Essay on the Principles of Vegetation and Tillage. Designed to Introduce a New Method of Culture)』였다. 툴의 새로운 방식은 반감을 사기도 했다. 파종기 같은 합리적인 발상뿐 아니라 흙만으로도 작물에 영양을 충분히 줄 수 있으니 퇴비 따위는 전혀 필요 없다는 비합리적인 주장도 내세웠기 때문이다.

그는 "두엄이든 퇴비든 흙과 섞이면 그 안에서 발효하는 물질이 어느 정도는 들어 있다. 또 이렇게 발효되면서 흙이 녹거나 부서지고 흩어져 유실된다. 두엄이 하는 작용이라곤 이것밖엔 없다…"라고 주장했다. 툴은 책 곳곳에서 이처럼 퇴비 없이 흙을 갈기만 해도 충분하다는 잘못된 주장을 펼쳤다.

툴은 1741년 세상을 떠났고, 그의 발명품은 좋든 나쁘든 생전에는 별로 받아들여지지 않았다. 툴의 파종기는 1800년대 농부들이 사용하기에는 가격이 터무니없이 높았지만 100년 동안 다른 사람의 손을 거치며 개선과 발전을 거듭했다. 그중 농기계 엔지니어 제임스 스미스와 그의 아들들은 다음 세기에 새로운 주물법으로 훨씬 저렴하고 효율적인 파종기를 만들어 농가에 널리 보급하고 유럽 전역에 수출했다.

농업도 '과학적'일 수 있다는 툴의 혁신적 발상도 후세에 영향을 미쳤다. 도널드슨은 다음과 같이 평가한다. "제스로 툴은 영국 농업의 개척자이자 최고의 은인으로 후대에 길이 남을 것이다. 그는 지식인이 흙을 경작하는 데 관심을 쏟으면 세상에 얼마나 도움이 되는지 몸소 모범을 보였다."

1763년

발명가:
토머스 베이즈

발명 분야:
확률

의의:
과거 사건을 바탕으로 결과를 예측할 수 있음

앞으로 어떤 일이 일어날까?

베이즈의 정리로 미래를 예측하다

우리는 앞으로 어떤 일이 일어날지 어떻게 알 수 있을까? 우리가 오늘날 확률에 대해 생각하는 관점은 엉뚱하게도 신의 존재를 증명하고 예수의 부활 같은 기적을 믿어야 한다고 주장하려던 18세기 목사의 영향을 깊이 받았다.

토머스 베이즈의 주장은 오늘날 베이즈의 정리로 널리 알려져 기계학습부터 코로나19 검사까지 과거 데이터를 바탕으로 결과를 예측하는 영역이라면 어디든 널리 쓰이고 있다. 베이즈의 정리가 대단한 이유는 부정확한 검사나 미심쩍은 증언까지 전부 따져 모든 변수를 바탕으로 확률을 도출할 수 있기 때문이다.

이 정리는 비교적 단순한 계산식으로 과거에 어떤 사건이 일어난 빈도를 바탕으로 미래에 같은 사건이 발생할 빈도를 계산할 수 있다. 금융과 신약 개발 분야에 널리 쓰이고 인공지능 연구에도 중요성이 더 커지고 있다.

베이즈는 1702년 런던에서 출생한 수학자이자 신학자, 장로교 목사로서 미적분학을 연구하고 영국 학술원 회원으로 활동했다.

그러나 그의 학문적 업적 중 가장 유명한 논문 「확률론의 문제 해결에 관하여(Essay Towards Solving a Problem in the Doctrine of Chances)」는 생전이 아닌 사후에 친구인 철학자이자 수학자 리처드 프라이스가 1763년에 발표했다. 프라이스는 친구의 논문을 통해 신의 존재를 증명하고자 하는 속셈도 있었다.

당시에는 철학자 데이비드 흄이 1748년 논문 「기적에 관하여(Of Miracles)」에서 기적을 직접 봤다는 사실만으로 그 기적이 일어난 사실을 증명할 수는 없다는 주장을 펼쳤다. 흄은 본문에서 다음과 같이 설명했다. “증명하려는 사실보다 오류가 더 기적적이라면 몰라도, 어떤 증언으로도 기적을 사실이라고 증명할 수 없다.” 흄의 논문을 크리스트교 신앙에 대한 공격으로 받아들인 사람이 많았고, 프라이스는 친구 베이즈의 수학 이론을 이용해 흄에 반박하려 했다.

신의 존재를 계산하다

프라이스는 베이즈의 논문을 소개하며 100만 번 동안 늘 같은 시간에 발생한 밀물과 썰물을 예로 들었다. 그는 베이즈의 정리로 어느 날 밀물과 썰물이 발생하지 않을 가능성을 계산한다면 (흔히 생각하듯) 100만 대 1이 아니라 약 50퍼센트 확률로 60만 대 1이라고 설명했다.

“만약 어떤 사람이 어떤 현상에 관해 보고 들은 정보를 모두 거부한다면, 그를 어떻게 생각해야겠는가? 그가 자신의 오류를 깨닫고 인정하기까지 얼마나 걸리겠는가?”

예수의 부활에 관해서도 (베이즈의 정리를 이용한) 프라이스의 주장에 따르면 같은 사건을 여러 명이 독립적으로 목격했다면 그 사건이 실제로 발생했을 확률이 달라진다.

통계학자이자 역사학자 스티븐 스티글러는 다음과 같이 설명했다. “흄은 어떤 기적을 여러 명이 각각 따로 목격했을 때의 효과를 과소평가했다. 또 베이즈의 정리로 계산할 때 부정확한 증거라도 그 수가 증가해 사건의 개연성이 월등히 높아져 틀림없는 사실이 된다는 효과를 간과했다.”

확률의 계산

베이즈의 정리는 다음과 같다.

$$P(A|B) = \frac{P(B|A)P(A)}{P(B)}$$

P(A|B)는 B가 사실일 때 A가 발생할 확률
P(B|A)는 A가 사실일 때 B가 발생할 확률
P(A)는 A가 일어날 확률, P(B)는 B가 일어날 확률

예를 들어 트럼프 카드 52장 중 한 장을 뽑을 때 카드에 킹이 있을 확률

은 4를 52로 나눈 7.69퍼센트 또는 1/13이다. 그런데 누군가 이 카드를 확인했을 때 인물 카드일 확률도 베이즈의 식으로 계산할 수 있다. 킹인 것을 알았을 때 인물 카드일 확률은 1/1이다. 전체 중 12장이 인물 카드이므로 인물 카드인 것을 알았을 때 이 카드가 킹일 확률은 33퍼센트다.

베이즈와 코로나19

베이즈의 정리는 코로나19 대응에도 많이 쓰였고, 특히 일터나 학교에서 간이 자가검사용으로 쓰이는 신속항원 검사 결과가 어쩐지 예상과 다른 이유를 이해하는 단서가 된다. 신속항원 검사에서는 코로나19에 감염되지 않았는데 부정확한 양성이 나올 확률이 대략 0.1퍼센트다.

그러나 전체 감염률이 낮을 때는 양성 결과 중 가짜 양성(실제로 음성인데 양성이 나오는 것-옮긴이) 비율이 상대적으로 높아진다. 사람들이 신속항원 검사를 받은 뒤에도 조금 더 정확도가 높은 유전자 증폭(PCR) 검사를 추가로 받아야 했던 이유도 여기에 있다. 이런 결과는 언뜻 상식에 어긋나는 것 같지만 베이즈의 정리를 이용하면 이해에 도움이 된다. 베이즈의 정리는 백신 임상시험에도 중요하게 쓰인다.

오늘날 베이즈의 정리는 과학자들이 새로운 증거를 수집했을 때 이를 바탕으로 어떤 현상이 사실일 확률을 계산하는 도구로 유용하며, 기계학습과 인공지능 연구에 중요한 역할을 한다. 베이즈의 정리는 '데이터 과학 분야에서 가장 중요한 계산식'으로 평가받으며 과학자와 개발자들은 휴대전화 통신 신호 개선부터 스팸 메일 차단, 기상 예측까지 베이즈의 정리를 고루 이용하고 있다. 로봇공학에서는 로봇이 기존 경로 정보를 바탕으로 다음 발걸음을 어떻게 디딜지 계산하는 데 쓰인다.

베이즈는 이 정리로 생전에는 명성을 얻은 적이 없지만 21세기에는 최고의 인기를 누리고 있다. 2020년에는 존 카스 경이 노예 매매에 관여한 사실이 밝혀지면서 런던 비즈니스 스쿨이 명칭을 카스 경영대학에서 베이즈 경영대학으로 바꾸기도 했다.

1804년

발명가:
조셉 마리 샤를 (자카르로 알려짐)

발명 분야:
자동화

의의:
자카르가 고안한 천공카드는 섬유업계에 지각 변동을 일으키고 초기 컴퓨터의 씨앗이 됨

기계가 지시대로 일할 수 있을까?

기계를 프로그래밍할 수 있게 되다

컴퓨터의 아버지 찰스 배비지는 어느 날 집에서 열린 파티에서 웰링턴 공작과 빅토리아 여왕의 남편 앨버트 왕자에게 벽에 걸린 그림을 자랑했다. 웰링턴 공작은 조셉 마리 샤를(동명의 가문 사람들과 구별하기 위해 자카르로 불림)을 나타낸 이 정교한 초상화가 혹시 인쇄물인지 물었다. (이미 비슷한 그림을 한 번 본 적 있는) 앨버트 왕자가 대신 답했다. "인쇄가 아니라오."

배비지가 자랑한 초상화는 견직물에 짠 그림으로, 자카르의 새 발명품인 자동 방직기의 성능을 뽐내기 위한 작품이었다. 배비지는 이를 두고 "방직기로 짠 실크 천을 액자에 넣었지만, 천의 무늬가 마치 종이에 인쇄한 것처럼 정교해 학술원 회원 두 명이나 깜빡 속을 정도였다"라고 기록했다.

실크로 짠 자카르 초상화는 자카르 방직기에서 천공카드로 2만 4,000줄을 한 치의 오차도 없이 정확히 제어해 만든 결과물이었다. 원화는 리옹의 화가 클로드 보네퐁이 자카르를 그린 초상화 작품으로, 실크 위의 이 복제품 초상화는 자카르의 프로그래밍 가능한 방직기가 얼마나 정밀한지 과시하려는 본보기였다.

훗날 찰스 배비지는 자카르 방직기에 쓰인 것과 비슷한 천공카드를 발명품인 해석기관에 적용한다. 현대식 디지털 컴퓨터를 100년 이상 앞선 발명이었다(43쪽).

그림을 프로그래밍하다

조셉 마리 샤를은 1752년에 방직공의 아들로 태어나 한 차례 파산을 겪고 프랑스 혁명 때는 고향인 리옹을 위해 무기를 들기도 했다.

자카르 방직기 전에는 세밀한 패턴을 짤 때 가장 숙련된 방직공 두 명이 한 조로 작업해 하루에 2.5센티미터 정도 완성할 수 있었다. 방직공들은 수동 방직기 실 2,000가닥을 손으로 일일이 조작해야 했고(2세기경부터 거

의 바뀐 적이 없는 오래된 방식이었다), 방직공 옆에는 한 줄 짤 때마다 방직공의 지시에 따라 날실을 조작하는 소년이 필요했다. 경험이 많은 최고의 방직공들도 1분에 두 줄 이상은 짤 수 없었다. 그런데 자카르 방직기가 등장하면서 전 세계 섬유산업이 완전히 달라졌다.

똥 싸는 오리

자동방직기 개발을 시도한 사람은 자카르만이 아니었다. 자크 보캉송은 1741년 프랑스 실크 공장 감독관으로 일하며 자동방직기를 발명했다. 보캉송의 방직기는 오르골과 비슷하게 금속 원통에 '저장'한 지시 사항대로 작동했다.

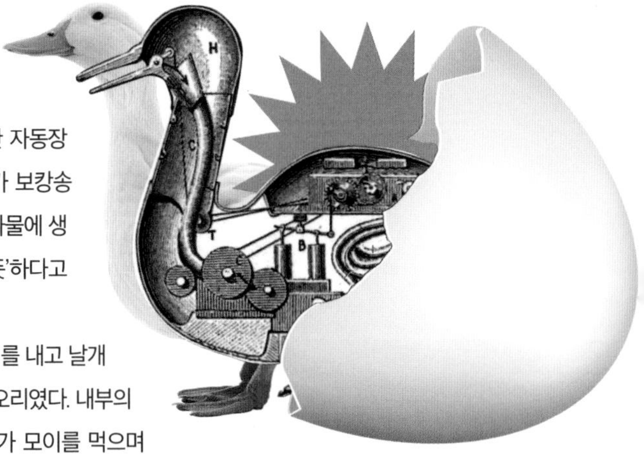

보캉송은 18세기 프랑스에서 유행한 자동장치 발명가로도 이름을 떨쳤다. 볼테르가 보캉송을 '프로메테우스의 적수'라고 부르며 '사물에 생명을 주기 위해 하늘에서 불을 훔친 듯'하다고 칭송할 정도였다.

그중 가장 깜찍한 발명품은 꽥꽥 소리를 내고 날개를 퍼덕이며 배설까지 할 수 있는 로봇 오리였다. 내부의 통 안에 미리 배설물을 채워두면 오리가 모이를 먹으며 똥을 싸는 식으로 작동했다. 보캉송은 1738년 겨울 파리의 한 무대에서 피리 연주자와 파이프 연주자 자동인형을 양옆에 세우고 이 오리를 선보였다. 그러나 보캉송의 오리에 비해 방직기는 그리 성공적이지 못했다. 당시 금속 원통 제작 단가가 너무 높았기 때문이다.

천공카드

그러나 자카르 방직기는 달랐다. 천공카드 여러 장과 고리만 있으면 작동했고, 카드상의 구멍 한 줄이 실 한 줄과 같았다. 실을 꿴 고리가 구멍을 통과하며 직물의 무늬를 짰다. 복잡한 무늬에는 카드 한 벌이 들었다.

자카르는 방직기를 차근차근 발명해 나갔고 1800년에는 '무늬 있는 직물 제조현장에서 날실 조작 소년을 대체할 기계'라는 제목으로 방직기 특허를 출원했다. 1804년에는 나폴레옹이 이 방직기의 가치를 알아보고 자카르에게 평생 연금과 방직기 대당 판매수수료를 보장해주었다.

이즈음 실직을 걱정한 방직공들이 분노에 차 자카르를 강에 던져버렸다는 괴담이 전해지기는 한다. 그러나 자카르의 전기를 집필한 포르티스 백작이 묘사한 훈훈한 모습을 접한다면 이런 괴담을 액면 그대로 받아들이기는 어렵겠다. "자카르는 방직공들과 허물없이 잘 어울렸다. 그는 방직공들과 있을 때 가장 즐거워 보였으며, 일상 작업복을 입고 방직 공장에서 직공들에게 새로운 기계 사용법을 알려주는 모습이야말로 자카르의 꾸밈없는 참모습이었다."

나폴레옹은 자카르 방직기를 영국 산업에 맞설 핵심 병기로 꼽아 영국 수출을 금지했다. 물론 몇 대는 밀수출되어(한 대는 과일 통에 숨겨져) 전 세계 실크산업 발전의 초석을 쌓았다.

자카르가 고안한 천공카드는 방직기보다 오히려 영향력이 더 컸다. 19세기 후반 미국 통계학자 허먼 홀러리스는 인구 통계자료를 기록하기 위한 '도표 작성기'에 천공카드를 사용했다. 홀러리스가 설립한 전산제표기록 회사는 (몇 차례 인수합병을 거쳐) 거대 컴퓨터 기업 IBM이 되었고, 천공카드는 IBM의 첫 컴퓨터에 자료를 저장하고 분류하는 매체가 되었다.

1960년대 후반이 되자 미국은 천공카드를 매년 5,000억 장씩 사용해 종이 소비량이 40만 톤에 달했다. 미국 기업에서는 1990년대 후반까지도 급여 지급자료 등에 자카르 방직기의 후손격인 천공카드를 사용하기도 했다.

최초의 수학 연산 기계는 어떻게 발명되었을까?

배비지와 러브레이스, 그리고 연산 기계

1832년

발명가:
찰스 배비지와 에이다 러브레이스

발명 분야:
연산

의의:
현대식 컴퓨터를 최초로 설계했으나 제작하지는 않음

오늘날 지구상 모든 컴퓨터의 조상이라는 차분기관(Difference Engine)과 해석기관(Analytical Engine)은 영국의 수학자 찰스 배비지와 에이다 러브레이스의 역작이다. 비록 어느 한 대도 그들 생전에 완성을 보지는 못했지만 말이다.

첫 설계작인 차분기관 일부만 계산기 부분의 '매혹적인 부품(beautiful fragment)'이 금융위기 직전인 1832년 도착한 덕택에 간신히 완성했을 뿐이다.

그러나 오늘날의 눈으로 보면 찰스 배비지와 동료이자 협력자였던 (저명한 시인 바이런 경과 수학자 바이런 부인의 딸) 에이다 러브레이스야말로 미래를 보는 혜안이 있는 발명가였다. 두 사람은 배비지의 기계로 베르누이 수열을 계산하는 알고리즘을 개발했고, 이 알고리즘은 최초의 컴퓨터 프로그램으로 널리 알려져 있다.

증기기관의 자동 계산

처음에 배비지는 수학 계산용 기계를 만들려 했다. 1791년 은행가의 아들로 태어난 배비지는 케임브리지 대학에서 수학을 가르쳤고 영국 과학 발전에 큰 영향을 끼쳤다. 1821년, 손으로 계산한 수치표를 친구인 천문학자 존 허셜과 확인하던 배비지는 오류가 줄을 잇자 부아가 치밀었다. 배비지는 당시 상황을 이렇게 묘사했다. "그렇게 우리는 따분하디따분한 검증 작업을 시작했다. 작업하다 보니 계산이 틀린 곳이 많았고, 이런 오류가 쌓이고 쌓이자 나는 버럭 짜증을 냈다. '계산이 왜 이따위야, 차라리 증기기관이 했으면 좋겠군!'"

하지만 배비지가 차분기관을 설계할 때는 증기기관이 아닌 시계장치의 원리를 이용했다. 시계에 쓰이는 톱니바퀴, 로드, 래칫 같은 부품을 적용했고 톱니 10개의 위치에 따라 각각 다른 수를 표시했다.

차분기관은 다항함수를 자동으로 계산하고 표로 작성하기 위한 계산기

였다. 배비지는 설계안을 구현하기 위해 뛰어난 제작자이자 제도사인 조셉 클레멘트에게 제작을 맡겼다. 방 하나를 가득 채울 만한 크기에 무게는 4톤이나 나가는 거대한 기계였다. 톱니바퀴 하나가 9에서 0으로 한 칸 회전하면 연결된 톱니바퀴가 한 칸씩 움직이며 숫자도 1씩 커지는 식이었다. 현대식 컴퓨터처럼 저장공간이 있어 정보를 저장했다가 처리할 수 있었다.

그러나 배비지와 클레멘트는 차분기관을 완성하지 못했다. 클레멘트의 작업실을 배비지의 집으로 옮기는 비용을 놓고 관계가 삐걱거리다 개발을 중단한 것이다. 개발비 일부는 영국 정부의 지원을 받아 이미 1만 7,500파운드(당시 증기기관차 22대 정도를 제작할 수 있는 비용-옮긴이)나 지출한 상태였다. 정부는 개발비 지원을 중단했다.

천공카드의 영향력

그 후 배비지는 현대식 컴퓨터와 매우 비슷하고 천공카드를 사용하는 기계인 해석기관을 설계했다. 오늘날의 컴퓨터처럼 메모리(창고)와 중앙 처리장치(공장), 데이터를 입력하고 출력하는 기능까지 갖춘 대단한 기계였다.

배비지는 늘 "해석기관만 완성되면 과학의 미래 발전 방향이 달라질 것이다"라고 말하곤 했다. "해석기관이 계산 결과를 내놓을 때마다 다들 궁금해하며 '이 기계는 대체 어떤 식으로 계산했기에 이렇게 짧은 시간 안에 결과가 나온 거지?'라고 물을 것이다."

동료 수학자 에이다 러브레이스는 해석기관을 설명하는 글에서 "마치 자카르 방직기가 직물에 꽃과 잎사귀 문양을 짜듯 대수학 패턴을 짤 수 있다"고 서술했다. 이탈리아 수학자 루이지 메나브레아는 해석기관을 설명하는 논문을 프랑스어로 발표했는데, 이 논문의 영어 번역을 맡은 러브레이스는 본문보다도 긴 주석을 달아 최종 원고에서 주석 부분이 2/3를 차지할 정도였다. 주석 끝머리에는 배비지의 해석기관을 이용해 베르누이 수열을 계산하는 방법을 설명했고, 이 결과물을 1843년 리처드 테일러의 〈사이언티픽 메모아즈(Scientific Memoirs, 과학 발전을 이끈 논문을 선정한 뒤 번역과 해석을 첨가해 발행한 정기간행물-옮긴이)〉에 A. A. L.이라는 필명으로 발표했다. 특히 베르누이 수열 계산을 위해 해석기관의 각 부분이 어떻게 작동하는지 상세하게 풀이하며 "해석기관이 얼마나 강력한 기계인지 보여주는 예시"라고 덧붙였다.

러브레이스는 컴퓨터 프로그램의 반복(loop) 개념(어떤 조건을 만족할 때까지 프로그램이 같은 동작을 되풀이하는 것)을 고안했고 '뱀이 제 꼬리를 물고 있는 것'에 비유했다. 또 미래에는 배비지의 해석기관이 단순 계산을 넘어 작곡 같은 활동도 할 수 있다고 예견했는데, 이 상상이 적중해 데이비드 코프의 모차르트 풍 곡처럼 현대 작곡가들이 소프트웨어를 이용해 음악을 자동으로 생성하고 있다.

"원대한 꿈이 산산이 부서진 모습을 묵묵히 지켜보며"

배비지는 평생 다양한 기계를 발명했다. 기차의 기관차 앞에 붙어 선로 위 물체를 치우는 쟁기 모양의 배장기를 만들었고, 나무 나이테에서 과거 기상 패턴을 '읽을' 수 있다는 사실을 최초로 알아내기도 했다. 또 그는 새로운 발명이라 해도 사회에 공개해 공익을 위해 쓰여야 한다고 굳게 믿었고, 실제로 1847년에 검안경을 처음 발명했을 때도 특허 등록을 거부했다. 물론 몇 년 후 그 특허는 다른 사람 차지가 되었다.

배비지가 컴퓨터를 설계해놓고도 실제로 개발하지 못한 것을 두고 어떤 전문가들은 배비지의 산만함 탓이라고 지적해왔다. 새로운 아이디어가 떠오를 때마다 손을 놓아 정작 중요한 작업은 잊어버렸다는 것이다. 다른 전문가들은 시대를 앞선 설계 탓에 당시에 동원할 수 있던 재료로는 기계를 제작할 수 없었다고도 풀이했다. 어느 경우든 차분기관의 '매혹적인 부품' 덕택에 정밀공학이 크게 발전한 것은 틀림없다.

배비지가 사망한 뒤 〈타임스〉가 실은 사망 기사에는 비아냥거리는 기색이 역력했다. "고인이 정직한 사람답게 (돈이 더 필요하다는) 상황을 정부에 전달하자마자 총리 로버트 필 경과 재무장관 H. 굴번을 비롯한 장관들은 모두 기겁했고, 앞으로 얼마나 막대한 돈이 들어갈지 모른다는 예상에 질색하며 과제를 통째로 접어버렸다." 이어지는 내용에서는 배비지가 생전에 완성한 기계 일부분과 수백 장씩 되는 설계도를 전시한다는 글도 찾아볼 수 있다.

그 후 100여 년이 지난 뒤 런던 과학박물관 전문가들은 배비지가 설계한 기술 그대로 차분기관을 실제로 구현해냈다. 5톤짜리 기계는 한 치의 오차도 없이 완벽하게 작동했다. 배비지가 종이에 설계한 그대로였다.

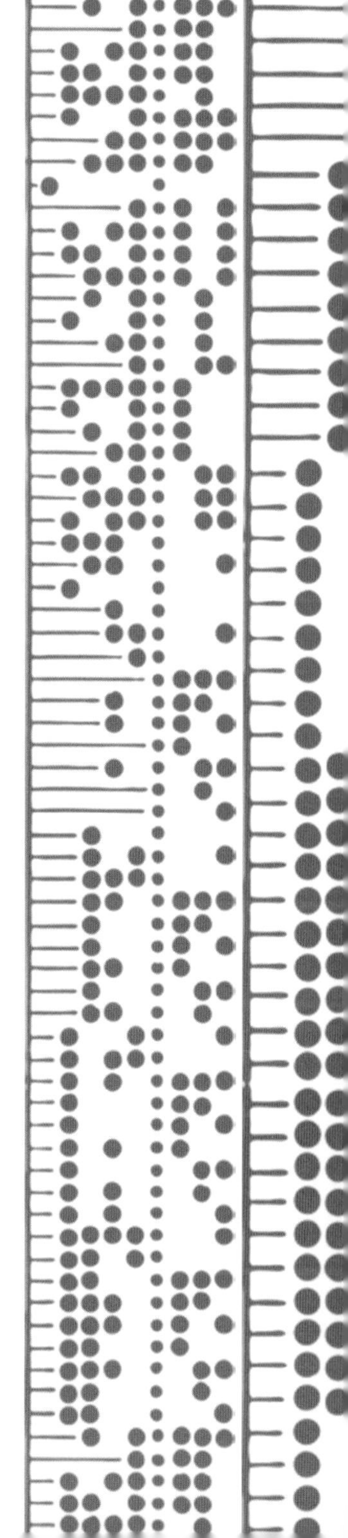

1871년

발명가:
리처드 마치 호

발명 분야:
자동화

의의:
자동화로 현대식 신문의 시대가 열림

출판업계는 기계화의 영향으로 어떻게 변했을까?

리처드 마치 호의 번개 인쇄기

19세기 초에도 인쇄는 여전히 평판에 활자를 배열하고 잉크를 바른 뒤 위에서 종이를 눌러 찍는 형식으로 1440년 발명된 구텐베르크 인쇄기 시절과 별반 다를 것 없었다.

요하네스 구텐베르크가 발명한 근대식 인쇄기는 하루에 3,600장을 인쇄할 수 있어 인쇄혁명의 불을 지폈고, 16세기까지 출간된 책이 이미 2억 권에 달했다.

구텐베르크 인쇄기가 첫 '정보혁명'인 르네상스를 촉진했다면, 속도와 자동화를 토대로 한 이 새로운 기술이 등장하자 미국과 영국의 신문 독자층이 폭발적으로 늘었고, 이는 현대사회의 토대가 되었다. 변화의 중심인 미국 인쇄업 개척자 리처드 마치 호는 새로운 기계(두루마리 양면 인쇄기)를 만들어 신문 제작 속도를 기하급수적으로 늘렸고, 한 번에 수백만 명에게 정보를 전달하는 시대가 열렸다.

회전식 인쇄기

처음에는 프리드리히 쾨니히와 안드레아스 바우어가 발명한 인쇄기를 근간으로 〈타임스〉 등 영국 신문사가 회전식 인쇄기를 도입하면서 변화가 시작되었다. 〈타임스〉의 소유주 존 월터가 1814년 프리드리히 쾨니히가 개발한 증기식 회전 인쇄기를 처음 도입했을 때는 직원들에게 알리지 않고 비밀리에 진행했다. 섬유업계에서 실업을 걱정한 노동자들이 공장을 습격해 기계를 망가뜨린 러다이트 운동의 전철을 밟을까 봐 두려웠기 때문이다.

1812년 영국 의회는 기계 파손행위를 사형까지 구형할 수 있는 대죄로 규정했고 이 시대 공장 주인들은 성난 노동자들의 습격에 대비해 공장 내부에 비밀 공간을 만들어놓기도 했다.

월터는 이런 사태를 피하고자 인쇄공들에게는 특종을 인쇄하기 위해 기계를 따로 빼놓는다고 말해놓고 신문 전체를 비밀리에 인쇄했다. 신기술 도입으로 일자리를 잃는 직원들에게는 새 일자리를 찾을 때까지 급여 전액을 계속 지급했다.

다음 날 신문에는 자랑스럽게 다음과 같은 제목이 실렸다. “이 문단을 읽는 〈타임스〉 독자가 지금 손에 쥔 신문은 지난밤 기계로 찍어낸 수천 장 중 한 장이다. 이 기계 시스템은 마치 스스로 알아서 움직이는 것처럼 인쇄 작업의 가장 고된 부분을 덜어주면서도 속도와 효율에서는 인간 노동력을 월등히 넘어선다.”

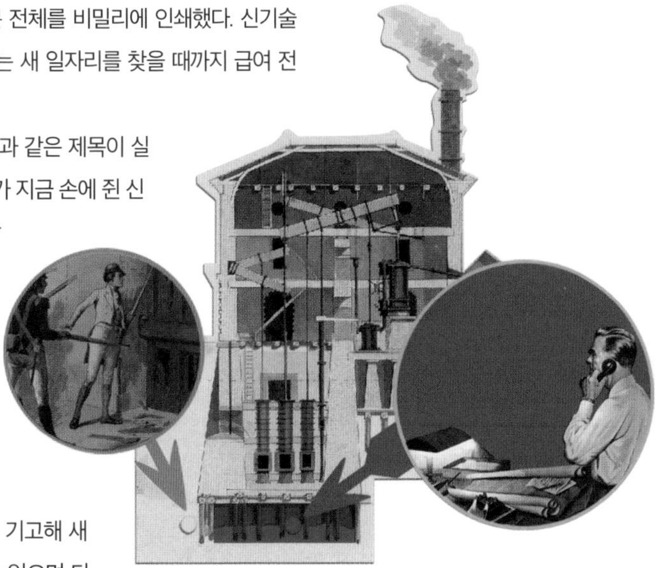

쾨니히 자신도 다음 날 〈타임스〉에 기고해 새 인쇄기로 시간당 800장씩 인쇄할 수 있으며 다른 발명가들이 ‘수천 파운드씩’ 투자하고도 아무 성과가 없었던 데 반해 자신이 개발한 인쇄기는 대성공을 거두었다고 주장했다.

아이디어가 번뜩이는 번개 인쇄기

미국은 이런 새로운 인쇄기 도입이 늦었지만, 인쇄산업이 점차 빠르게 발전하고 자동화되면서 곧 인쇄산업을 주도하게 된다. 1812년 인쇄사업자의 아들로 태어난 리처드 마치 호는 아버지가 개발한 회전식 인쇄술을 한 단계 더 발전시켜 신문산업을 완전히 바꿔놓았다.

호가 개발해 1847년 특허 등록한 ‘번개 인쇄기(Lightning Press)’는 회전 원통에 활자를 배치하고 그 주위에 종이를 운반하는 금속 원통 두루마리 4개를 둘러싸 종이를 끊임없이 공급하며 인쇄 속도를 높였다. 이 인쇄 방식을 사용하면 시간당 수천 장씩 인쇄할 수 있었고 원통 수를 늘릴수록 인쇄 속도를 더욱 높일 수 있었다.

19세기 작가 제임스 맥케이브는 『그들이 엄청난 부를 이루기까지(Great Fortunes and How They Were Made)』에서 다음과 같이 설명했다. “원통 10개짜리 인쇄기는 5만 달러지만 이런 어마어마한 비용조차 저렴하다고 할 수 있다. 인류 역사상 가장 흥미진진한 발명품이다. 뉴욕의 신문사 지하 골방 인쇄실에서 이 기계가 돌아가는 모습을 한 번 본 사람은 대단한 광경을 쉽게 잊지 못할 것이다."

신문의 시대

증기기관을 이용한 새로운 인쇄기 덕택에 기존 신문사도 판매 부수를 크게 늘릴 기회를 맞았지만 새로운 신문사도 여럿 등장했다. 리처드 호의 조카 로버트 호는 "신문 인쇄의 혁명이 일어난 것이다. 느린 인쇄 속도에 묶여 판매 부수를 늘리지 못했던 신문사들도 새로운 인쇄기 도입으로 빠르게 성장했고 새로운 신문사도 많이 생겼다. 새로운 인쇄기는 미국뿐 아니라 영국에도 많이 팔렸다. 첫 수출품은 1848년 프랑스 〈라 파트리〉 사무실에 놓일 인쇄기였다"라고 썼다.

그러나 (인쇄기가 전 세계에 도입되면서 하루아침에 부자가 된) 리처드 호는 인쇄기를 개선하고 또 개선해 현재의 인쇄 속도에 가까울 정도로 빠른 기계를 만들었다. 그는 '두루마리' 인쇄기로 더 큰 혁신을 이루었고, 8킬로미터 가까이 되는 종이 한 롤로 불과 몇 초 안에 수천 장을 양면 인쇄할 수 있었다.

호의 조카는 이 기계가 돌아가는 모습을 다음과 같이 묘사했다. "두루마리가 회전하면서 종이가 풀려 증기분사기를 통과하면 딱딱하던 종이 표면이 살짝 젖으며 부드러워진다. 푹 젖지 않고 적당히 습해져 인쇄하기 좋은 상태가 되는 것이다. 그다음 종이가 원통 인쇄판 아래를 통과하면서 곡면판 32개에 대형 잉크 롤러 7개로 앞면 32장이 한꺼번에 인쇄된다. 그다음 종이가 반대 방향으로 회전하는 원통을 지나며 종이 뒷면이 다른 원통 인쇄판에 접한다… 전 작업이 눈 깜짝할 사이에(2초 이내에) 진행되면서도 매우 정확하다."

종이 롤은 마지막으로 절단기 위를 통과하며 정확한 크기로 재단된 뒤 접는 단계를 거쳐 완성되었다. '두루마리' 인쇄기로 시간당 신문을 1만 8,000부씩 인쇄할 수 있어 전 세계에 신문 대량 보급 시대를 열었다.

원격조종차는 누가 발명했을까?

니콜라 테슬라의 '원격조종 자동장치'

1898년

발명가:
니콜라 테슬라

발명 분야:
무선조종 드론

의의:
자율주행 선박과 항공기, 자동차의 잠재력을 과시함

애호가들이 애지중지하는 장난감부터 전쟁터에서 수천 미터 상공을 가르는 살상 무기까지(130쪽) 드론을 다분히 21세기적인 발상이라고 생각하는 사람이 많다.

그러나 최초의 '드론'은 19세기 끄트머리에 뉴욕에서 첫선을 보였다(비록 당시는 발명가 외에 그 누구도 이런 상업적 잠재성을 알아보지 못했지만 말이다).

세르비아 출신 엔지니어 니콜라 테슬라는 1미터 정도 길이의 모형 배를 수조에 넣어 무선 신호로 조종하는 자칭 '원격조종 자동장치(teleautomaton)'를 시연했다. 1856년에 태어나 미국으로 이주한 테슬라는 발명가로서 성공을 거두었고, 특히 오늘날 표준 전력공급 방식인 교류(AC) 전류의 발명가로서 이름을 알렸다. 전기차 기업 테슬라가 그의 이름을 딴 이유가 바로 전기 분야에서의 눈부신 업적 때문이다.

1898년 '움직이는 선박이나 차량의 조종 방식 및 조종기'라는 제목으로 특허를 등록한 테슬라는 관중 앞에서 조종 기술을 선보이기 위해 기계에 질문을 던지고 기계에 장착된 전등이 정답 숫자만큼 깜빡이도록 했다. 그는 이 현장을 훗날 "처음 사람들 앞에 시연했을 때 (중략) 내가 그때까지 선보인 발명품 중 가장 뜨거운 반응이었다"고 회상했다. 그는 한쪽에 조종 레버가 달린 작은 장치로 배에 신호를 보냈다.

안에 원숭이가 숨어 있는 게 틀림없어

이 기술이 당시 통념으로는 너무나 기상천외해 시연 참석자 중에는 테슬라가 사기를 치고 있다고 생각한 사람도 여럿 있었다. 뇌파로 신호를 보내 배를 조종하는 게 아니냐는 것이었다. 또 배 안에 조그만 원숭이가 숨어 있어서 테슬라의 명령대로 배를 운전하고 있다고 생각한 사람도 있었다.

테슬라는 이 특허 문서에 "엔진과 조향장치, 움직이거나 물에 뜬 기계를 원격으로 조종하는 방식과 장치를 새로 유용하게 개선"했으며, 이 발명을 "배와 열기구, 마차" 등에 적용할 수 있다고 주장했다.

전쟁용 기계

테슬라가 원격조종 방식을 시연한 것은 라이트 형제가 첫 동력 비행에 성공하기 5년 전이었으며, 테슬라는 이런 조종 방식을 탐험이나 고래 사냥에도 널리 활용할 수 있으리라 내다보았다. 또 테슬라는 무선으로 원격조종한 기계가 모든 전쟁을 끝낼 수 있을 만큼 치명적인 무기가 되리라고 큰소리쳤는데 오늘날 어느 전쟁에든 드론이 날아다니는 현실을 볼 때 예언에 가까운 생각이었다.

테슬라는 특허출원 문서에 자신의 '원격조종 자동장치'를 무기 개발에 적용한다면 여러 나라가 전쟁을 모두 포기할 정도로 치명적인 무기가 될 것이라고 썼다. "이 발명의 가장 큰 가치는 평화의 발생과 유지에 있다. 확실하고 무한한 파괴력 덕택에 오히려 세계에 평화가 찾아들고 유지될 것이다."

과연 선견지명이었다. 그 후 수십 년 동안 드론 기술 발전을 이끈 핵심 동력은 군사장비였기 때문이다(130쪽). 제1차 세계대전 때는 시험용 원격 무선조종 전투기가 날았고 베트남 전쟁 때는 정찰 드론이 전력의 핵심이었다. 여러 자율주행차 전문가들이 데뷔한 무대 역시 미군 국방고등연구계획국(DARPA)이 전쟁용 차량을 개발하기 위해 개최하는 대회인 DARPA 그랜드 챌린지였다(142쪽).

이윤이 아닌 예언

정작 테슬라는 '원격조종 자동장치' 발명으로 돈을 한 푼도 벌지 못했다. 대중의 관심은 끌었지만, 투자자 설득에는 실패했고 미 해군 역시 별 관심을 보이지 않았기 때문이다.

테슬라의 발명 후 다른 발명가들도 하나둘 원격조종 기계를 발표하기 시작했다. 스페인에서는 1905년, 엔지니어 레오나르도 토레스-쿠에베도가 빌바오 부근에서 최초의 리모컨으로 알려진 '텔레키노(Telekino)'를 들고 약 1.6킬로미터 떨어진 배를 조종해 관중을 충격에 빠뜨렸다. 토레스-쿠에베도는 그 후 자동 체스장치를 발명해 여러 면에서 인공지능의 첫발을 떼었다.

이 밖에도 테슬라가 상업적으로 실패한 발명품 행렬은 더 이어진다. 그는 어찌 보면 기인이자 괴짜로서 전투기 수천 대를 한 번에 추락시킬 만한 비밀 살인광선을 개발 중이라고 주장하는가 하면 우주 방사선 위를 달리는 자동차와 인간의 생각을 찍을 수 있는 사진기를 만들고 있다고 떠들기도 했다.

테슬라는 한편 미래를 정확히 꿰뚫어보기도 했다. 그는 1926년 한 인터뷰에서 스마트폰 혁명을 깜짝 놀랄 만큼 정확하게 예측했다. "무선 기술이 완벽해지면 지구 전체가 마치 거대한 뇌처럼 서로 연결될 것이다. 우리는 물리적인 거리와 상관없이 지구상 누구와도 원하는 즉시 대화할 수 있을 것이다. 그뿐이 아니라 영상과 통신 기술 발달로 마치 눈앞에서 직접 만난 듯 완벽하게 서로 보고 들을 수 있어 수천 마일씩 떨어져 있는 게 전혀 장애가 되지 않을 것이다. 이런 소통을 가능하게 해주는 도구도 오늘날의 전화기는 비교가 안 될 정도로 단순해져 우리 조끼 앞주머니에 넣고 다닐 수 있을 것이다."

CHAPTER 3: 현대 로봇공학의 서막

1900 ~ 1939년

'로봇'과 '로봇공학'이라는 말은 20세기 초반에 처음 출현했다. 로봇은 체코의 극작가 카렐 차페크가 제시했고, 로봇공학은 덥수룩한 구레나룻이 특징이었던 SF 작가 아이작 아시모프 작품이었다. 두 사람이 생각하는 로봇의 미래상은 전혀 달랐다. 차페크가 로봇이 인간을 지구상에서 말살하는 미래를 그렸다면 아시모프는 '로봇 3원칙'이라는 틀 안에서 로봇이 인간과 공존하는 평화로운 미래를 상상했다.

로봇이라는 개념이 소설이나 연극, 문화적 아이콘이 된 프리츠 랑의 〈메트로폴리스〉

같은 영화에 서서히 뿌리내리는 동안 로봇공학 기술도 발전했고, 이 시기에 인간 대신 일할 수 있는 첫 로봇부터 시대를 너무 앞서가 일감을 찾기 어려웠던 첫 산업용 로봇 팔까지 등장했다. 한편 전쟁이 한창인 베를린에서는 초기 컴퓨터공학자 한 명이 새로운 기계를 발명했지만, 이 기계는 연합군 폭격에 파괴되어 히틀러의 제3제국이 붕괴한 후에야 세상에 알려지게 되었다.

1914년

발명가:
레오나르도 토레스-쿠에베도

발명 분야:
체스 인공지능

의의:
최초의 (불패의) 컴퓨터 게임

컴퓨터 대 인간?

불패의 자동 체스장치

누군가가 컴퓨터 게임이 언제부터 있었는지 묻는다면 우리는 아마도 1970년대 젊은이들이 아케이드 게임 〈스페이스 인베이더〉를 하는 모습이나 그보다 수십 년 전 과학자들이 메인프레임 컴퓨터 앞에 모여 앉아 있는 모습을 떠올릴 것이다. 그러나 최초의 컴퓨터 게임이라고 알려진 이 기계는 이미 1914년에 인간과 대결을 펼쳤다. 그뿐 아니라 단 한 판도 진 적이 없다.

토목공학 엔지니어 레오나르도 토레스-쿠에베도가 설계한 엘 아헤드레시스타(El Ajedrecista, 체스 선수)는 이전 세대 '자동 체스장치'와 달리 속임수가 아니었다. 대수 방정식 계산기 등 수많은 발명품을 남긴 열혈 스페인 발명가의 최신작이었다.

1852년생인 토레스-쿠에베도는 생계에 걱정이 없을 정도로 부유해 유럽 각지를 여행한 뒤 발명가로 정착했다. 그의 발명과 특허 중에는 케이블카 레일과 케이블카, 비행기구, 최초의 원격조종기(동력 비행기구를 띄워 땅에서 조종하는 용도였지만, 그는 이 조종기를 훨씬 더 다양한 기계에 응용할 수 있다고 설명했다)가 있다. 그중 나이아가라 폭포의 거대한 소용돌이 지점을 지나는 월풀 에어로 카는 1916년 완공해 현재까지도 운행하고 있다.

토레스-쿠에베도는 논문 「자동화 이론의 정의와 이론적 응용 범위(Automatics. Its Definition. Theoretical Extent of Its Applications)」에서 자동 체스장치를 발명한 이유를 소개하며 지금껏 인간 고유의 영역이었던 일에서도 기계가 인간을 대신할 수 있다는 생각을 증명하기 위해 이 기계를 개발했다고 서술했다.

다양한 기계 인간

토레스-쿠에베도의 발명 전에도 수 세기 동안 체스를 둘 수 있다는 '기계'

는 더러 있었고 그중 가장 유명한 것은 볼프강 폰 켐펠렌이 1770년 오스트리아 마리아 테레사 여제 앞에서 자랑스레 선보인 메커니컬 터크(Mechanical Turk)였다.

시연에서는 체스판 앞에 앉은 나무 인형이 갑자기 살아 움직여 체스 말을 잡고 제법 실력 있는 경기를 펼쳤으며, 인간을 상대로 여러 번 이기기도 했다. 이 경기를 본 관중은 악령이 인형을 조종하고 있거나 잘 훈련된 원숭이가 숨어서 조작하고 있다고 생각했다.

실제로는 체스판 아래쪽에 인간이 숨어 체스 말을 움직이는 것이었다. 이때 말을 움직이기 위한 팬터그래프(pantograph, 접었다 펴지는 마름모꼴 팔-옮긴이)라는 장치는 20세기 로봇 팔 개발에 결정적인 기술이 되었다.

토레스-쿠에베도의 발명품에는 이런 눈속임이 없었다. 다음 수를 어떻게 둘지 간단한 '판단'을 내릴 줄 아는 전기기계식 장치였고, 전체 경기가 아니라 마지막 단계인 엔드게임, 즉 상대방의 킹을 두고 기계의 킹과 룩이 펼치는 부분만 두었다. 기계라고 해서 늘 최적의 수만 둔 것은 아니었고 간혹 엔드게임만 50수씩 이어질 때도 있었지만 마지막엔 늘 체크메이트를 하고 말았다.

"실용적인 기계는 아닙니다."

엘 아헤드레시스타는 인공지능의 첫발을 뗀 중요한 발명이며, 현재 인공지능 알고리즘이 답을 찾을 때 목적을 정하고 일정한 규칙을 따라 움직이는 '휴리스틱(heuristics)' 방식을 처음 적용한 기계였다. 미리 정한 조건에 따라 움직이기만 하면 기계는 어떻게 해도 승리하게 되어 있었다. 토레스-쿠에베도는 인터뷰에서 엘 아헤드레시스타를 다음과 같이 설명했다. "이 장치는 실용성이라고는 전혀 없지만 제 이론의 근간을 증명해줍니다. 바로 일정한 조건에 따라 움직이는 자동장치, 사전에 프로그래밍한 규칙을 따르는 자동장치를 만들 수 있다는 이론이죠."

과학잡지 〈사이언티픽 아메리칸〉은 이 기계를 열광적으로 취재하며 토레스-쿠에베도가 '인간의 정신을 기계로 대체하리라'고 내다보았다. 기사 내용에는 상대방이 규칙에 어긋나는 수를 두었을 때 엘 아헤드레시스타가 이 실수를 감지하고 기계의 아랫부분에 있는 전등을 켜서 경고를 보낸다고 했다. 전등이 3개 켜지면 경기가 끝난다. "이 방식이 참신한 이유는 기계가 체스판 전체를 읽은 뒤 어떤 수를 둘지 선택하기 때문이다. 물론 이것만으로는 인간의 지능이 필요한 일을 생각하거나 수행한다고 주장하긴 어렵지만, 발명가의 주장에 따르면 (중략) 이 자동장치는 우리가 흔히 사고하고 분류하는 행동을 어느 정도 수행하는 것이다."

자동화 이론

토레스-쿠에베도는 수정과 보완을 거쳐 1920년 두 번째 엘 아헤드레시스타를 개발했다. 이전에는 딱 봐도 전기장치같이 생긴 체스판 위에서 기계 팔이 전기 플러그를 움직였다면 이번에는 일반 체스판과 똑같은 판 아래에 전자석을 설치하고, 그 위에서 전자석을 따라 체스 말이 '스스로' 움직였다.

새로운 기계는 (축음기를 달아) 음성도 낼 수 있었다. 기계가 상대방에게 체크를 선언할 때는 '하께 알 레이(Jaque al rey, 체크, 직역하면 '왕을 체크하다'는 뜻-옮긴이)'라고 말하고, 경기가 끝나면 '마떼(Mate, 체크메이트)'라고 선언했다.

또 토레스-쿠에베도는 1920년 파리에서 타자기로 입력한 숫자를 계산하는 계산기를 발표했다. 전자석과 스위치, 도르래 등을 적용한 전기기계식 장치로 수학식을 계산하는 기계였다.

기계는 계산을 마치면 다른 타자기로 결과를 출력했고, 이런 혁신적인 방식은 20세기식 컴퓨터의 표준이 되었다. 타자기 두 대는 전선으로 연결되어 이론적으로 전혀 다른 곳에 있어도 함께 작동할 수 있었다.

이 기계로 계산하려면 사용자가 타자기로 5와 7을 입력해 57을 나타내고 스페이스 바, 곱셈 기호, 4와 3을 차례로 누르면 출력용 타자기가 등호와 정답 '2451'을 출력하는 식이었다. 그런 다음 입력용 타자기는 한 줄을 내려 빈 줄에 새로운 연산을 준비했다.

경영과 회계 등 기계를 상업화할 만한 곳은 많았지만, 토레스-쿠에베도는 상업화할 생각이 전혀 없었다.

그는 찰스 배비지의 연구를 높이 평가했으며(40쪽), 오늘날의 로봇과 비슷한 미래 모습을 제시하기도 했다. "기계공학에서 자동화라는 특수한 분야가 생길 것이다. 이 분야에서는 단순 혹은 복잡한 규칙에 따라 행동할 수 있는 자동장치를 만드는 방법을 더 깊이 연구할 것이다. 이런 자동장치에는 온도계나 자석 나침반, 동력계, 압력계 같은 감각기관이 있어 자동장치가 주위 조건을 감지하고 조건에 따라 작동할 것이다."

오늘날 엘 아헤드레시스타는 스페인 마드리드 폴리테크니카 대학의 토레스-쿠에베도 공학박물관에 전시되어 있다. 체스 경기를 (불패의 엔드게임이 아닌) 처음부터 끝까지 할 수 있는 기계가 등장해 세계 최고의 선수를 이긴 것은 엘 아헤드레시스타 이후 70년이 지난 뒤였다(119쪽).

1914년

발명가:
카렐 차페크

발명 분야:
로봇공학

의의:
로봇이라는 말이 처음 등장한 연극에서 미래의 모습을 읽을 수 있음

‘로봇’이란 무엇인가?

카렐 차페크의 연극에 ‘로봇’이란 말이 처음 등장하다

‘원자폭탄’이라는 말이 소설가 H. G. 웰스의 손에 의해 탄생했듯 ‘로봇’이라는 말은 과학이 아니라 공상과학(SF)에서 나왔다. 체코 극작가 카렐 차페크는 구상 중인 연극의 줄거리를 화가인 형 요제프에게 설명한 뒤 그 대화에서 ‘로봇’이라는 말을 생각해냈다고 한다.

차페크의 SF 연극 〈로숨의 유니버설 로봇〉 줄거리는 100년 뒤 할리우드에서 쏟아져 나온 SF 영화 줄거리와 기분 나쁘리만큼 비슷하다. 천재 과학자가 대단한 기술을 발견해 기계 노예를 수천 대씩 만들었더니 이 기계 노예들이 주인에게 반기를 들어 인류를 말살한다는 내용이다.

“로보티(roboti)라고 부르렴.” 카렐이 줄거리를 설명하자 요제프가 제안했다. ‘로보티’는 체코어로 노동자나 농노라는 뜻이었다. 카렐은 요제프의 의견이 마음에 들었다. 원래 노동을 뜻하는 ‘라보리(labori)’를 생각했지만 너무 딱딱한 느낌이 들던 차였다. 요제프의 제안은 머리에 남았고, 카렐은 연극을 완성했다. 극에 등장하는 로봇 제조공장 소유주의 이름인 ‘로숨(Rossum)’도 체코어로 ‘이성적(rozumně)’이라는 단어와 발음이 비슷하다.

차페크의 새 연극은 1921년 당시 체코슬로바키아의 프라하 국립극장에서 처음 공연한 뒤 1920년대에는 유럽 전역에서 인기를 끌었고, 체코슬로바키아뿐 아니라 점차 세계에서 큰 성공을 거두었다. 1930년대에는 방송용으로 각색해 미국 라디오 방송과 영국 BBC TV에서도 방송되었다.

모두가 두 손 들어 이 연극을 환영한 것은 아니었다. 로봇에 관한 소설 수십 권을 쓰고 ‘로봇 3원칙’까지 제안한(76쪽) SF 소설 작가 아이작 아시모프는 이 연극을 못마땅해하며 “내 생각에 차페크의 연극은 형편없지만, 그 단어 하나로 불멸의 가치가 있다”고 했다. 물론 차페크와 달리 아시모프는 로봇을 굉장히 낙관적으로 보기도 했다. 차페크는 이후 절대로 죽지 않고 되살아나는 무자비한 〈터미네이터〉부터 〈블레이드 러너〉에서 인간에게

반기를 드는 안드로이드 무리까지 여러 SF 작품에 영향을 주었다.

기계 하인

차페크의 연극에서 로봇은 금속이 아닌 합성 인조 피부로 덮여 있고, 거대한 제조공장에서 한꺼번에 수천 대씩 태어나며, 인간과 똑같이 생겼으면서도 인간의 노예가 된다. 그중 한 무리는 육체노동을 위해 만들었고 '엄청나게 대량으로' 제조한다.

극 중 공장 관리인 해리 도민은 이 육체노동용 로봇이 "소형 트랙터만큼 힘이 좋고 딱 보통 정도 지능을 갖추었다"고 이야기한다. 시키는 대로 잘하기 위해 처음부터 창의적 사고 능력이나 감정을 제거한 채 제조한다. 연극 1막에서는 공장주 한 명이 인간처럼 생긴 비서 로봇이 '진짜'가 아니라는 사실을 밝히기 위해 이 로봇을 분해하겠다고 말하는 충격적인 장면도 있다.

이 연극은 인간과 조금이라도 닮은 기계를 만들 기술이 등장하기 한참 전에 '로봇'이라는 말뿐 아니라 인조인간이라는 개념을 만들었다는 데 의미가 있다. 차페크가 특정한 기술을 염두에 둔 것은 아니었다. 그러나 그는 이 연극으로 기술이 인간의 욕망과 만났을 때 얼마나 위험해질 수 있는지 넌지시 알리고 있다.

〈로숨의 유니버설 로봇〉은 오늘날 로봇과 인공지능에 대한 통념을 형성한 다양한 주제, 특히 위협적인 존재로서의 로봇 개념을 처음 소개한 작품이었다.

로봇이 들고일어나다

연극 끝부분에서는 로봇이 왜 지구상에서 인류의 씨를 말렸는지 설명하는 장면이 있다. 말할 것도 없이 인간의 사악한 행동을 보고 배운 것이다. 인류의 마지막 생존자가 로봇에게 왜 인간을 하나도 남김없이 다 죽였는지 묻자, 로봇 하나가 대답한다. "인간처럼 되려 했으니까. 우리는 인간이 되고 싶었거든."

1925년

발명가:
프랜시스 P. 후디나

발명 분야:
자율주행차

의의:
1920년대에 '유령차'가 도로에 등장함

로봇이 스스로 운전할 수 있을까?

후디나의 '아메리칸 원더'가 자율주행차의 불씨를 지피다

최초의 무인자동차는 '자율주행차'가 아닌 '유령차'로 유명했다. 이 유령차들은 자동차 자율주행 기술을 본격적으로 개발하기 거의 100년 전 등장해 주로 도로 안전교육에 쓰였는데, '유령'이란 별명이 무색한 형편없는 안전성을 생각하면 크나큰 아이러니라 할 수 있다.

1920년대와 이후까지도 도로를 누비고 다닌 유령차들은 운전자 없이 다른 자동차에(한 번은 공중에서 비행기에) 탄 사람이 무선으로 원격조종했다.

그중 후디나의 '아메리칸 원더'라는 자동차는 1925년 뉴욕 첫 주행에서 폭발적인 인기를 끌(고 대형 사고까지 났)었다. 보건이나 안전 법규라는 개념조차 없던 시절이었기에 새로운 자율주행차는 보행자와 자동차가 가득한 실제 도로에서 그대로 첫선을 보였다.

"운전대는 잡지 않았다."

무인자동차 시연이 이번이 처음은 아니었고, 1904년 레오나르도 토레스-쿠에베도가 무선조종 세발자전거를 발표하기도 했다. 그러나 이 차는 실제 제조하는 승용차 완제품인 데다 운전석에 아무도 없이 복잡한 시내 도로를 운전했다는 데 의미가 있다.

〈타임〉지는 이 사건을 이렇게 보도했다. "맨해튼에서 텅 빈 승용차가 브로드웨이가 모퉁이에 정차해 있었다. 어떤 남성이 자동차 발판에 서 있었지만, 운전대는 잡지 않았다. 운전자도 없는 이 기계가 모터에 시동을 걸고 기어를 넣고 도로변을 떠나 차가 가득한 도로 한복판으로 휘청휘청 진입하자, 보행자들은 입을 떡 벌렸다."

이 차를 조종한 주인공은 일명 '프랜시스 P. 후디

나'였는데 젊은 엔지니어 두 명의 공동 가명이었다. 시연은 크게 인기를 끌었지만 모든 것이 계획대로만 풀리지는 않았다. 후디나 2인조 중 뒤차에 탄 존 알렉산더가 앞차 수신기에 신호를 보냈지만, 앞차 추진축에 장착한 조향장치가 헐거운 덮개 탓에 제대로 작동하지 않았다. 일이 이쯤 되자 사태가 매우 급해졌다.

〈뉴욕 타임스〉는 이때 상황을 다음과 같이 묘사했다. "무선조종 자동차는 좌우로 휘청거리며 브로드웨이를 달려 콜럼버스 서클을 돌아 남쪽으로 5번가까지 내달렸다. 트럭 두 대와 우유 배달 수레가 도로변으로 급히 피한 덕에 아슬아슬하게 충돌을 피했다." "47번가에서 후디나는 운전대를 향해 손을 뻗었지만 차는 충돌을 피하지 못하고 사진기사가 잔뜩 탄 차의 옆구리를 들이받았다." 급기야 경찰은 후디나에게 이 실험을 멈춰달라고 애원했지만, 그들은 다시 브로드웨이를 거쳐 센트럴 파크 드라이브까지 달렸다.

차의 작동 원리는 비교적 단순했다. 챈들러(1920년대 미국 자동차 회사-옮긴이) 승용차에 무선 안테나와 소형 전기모터를 달아 승용차의 방향과 속도를 제어하고, 가까이에서 엔지니어 몇 명이 뒤에 바짝 붙어 원격 '운전'하는 것이었다.

'수신기'는 방패 모양 무선 안테나였다. 운전대 기둥에는 벨트를 맸고, 클러치와 기어까지 조종할 수 있었는지는 분명치 않아도 시동을 걸고 가속하고 제동을 하는 장치는 각각 있었다.

막다른 길

후디나 자동차는 의도치 않게 유명한 마술사이자 탈출 예술가 해리 후디니의 관심을 끌기도 했다. 후디니는 후디나의 이름이 자신과 비슷하다는 것에 분노해 후디나 2인조의 사무실에 직접 찾아가기도 했다. 여기서 '후디니' 앞으로 잘못 배송된 소포를 발견하자 그는 분노해 길길이 뛰었다. 〈뉴욕 타임스〉는 이 사건을 다음과 같이 보도했다. "후디니는 소포 포장에서 '후디니'라는 주소 표시를 휙 뜯어버리고, (중략) 그들이 소포를 되돌려 달라고 요청하자 거절하고, 나가는 길을 막아서자 의자를 잡아채 전기 샹들리에를 깨버렸다." 2인조는 '수갑의 제왕' 후디니를 '후디나'라는 이름으로 속여 말했다는 주장을 부인했다.

안전 제일

후디나의 새 발명품 소식에 무인 탈것과 '유령차' 발명이 줄을 이었고, 발명가들은 차를 동네 곳곳에서 시연하거나 광고에 동원하기도 했다. 조종 방법도 다양해 무선조종하거나 유선으로 연결하기도 하고, 한 번은 낮게 뜬 비행기에서 조종해 U턴까지 한 사례도 있었다.

또 후디나의 위험천만한 시험 주행을 생각하면 아이러니한 일이지만, 사상 첫 도로교통 안전 캠페인에도 유령차가 동원되었다. 1920년대 도로는 (운전자 교육이나 도로안전 규칙이 아예 없어) 오늘날보다 훨씬 더 위험했고 유령차 운전자들은 이 차를 계기로 인간 운전자들이 더 안전하게 운전하기를 바랐다.

이름난 유령차 시연가 J. J. 린치는 1937년 노스캐롤라이나 주 벌링턴의 지역신문 〈데일리 타임스-뉴스〉와의 인터뷰에서 다음과 같이 말했다. "보통 때는 안전운전하라는 잔소리를 달가워하는 사람이 아무도 없어요. 특히 다른 사람의 운전 미숙을 지적하기 시작하면 답이 없죠. 그러나 이런 식으로 시연하면서 안전에 관해 이야기하면 귀를 기울이게 마련이에요."

홍보에서 현실로

그 뒤 수십 년 동안 자율주행 자동차에 관한 관심은 조용히 이어졌다. 제너럴모터스는 1939년 세계박람회에서 디자이너 노먼 벨 게데스와 협력해 '자동 무선조종' 차들이 고속도로를 누비는 미래 도시 모습을 전시했다. 1963년 영국에서는 보수당 정치인 헤일섬 경이 운전대에서 손을 뗀 채 시트로엥 자동차 운전석에 타고 전선이 깔린 특별 시험 주행도로 경로를 따라 시속 130킬로미터로 달린 적도 있었다.

그러나 자율주행 기술이 실제로 유용(하고 안전)해진 것은 50여 년 후, 캘리포니아 사막 한복판의 머리카락이 쭈뼛 서는 DARPA 그랜드 챌린지 무인자동차 경주를 필두로 기술의 골드러시가 일어난(142쪽) 뒤부터였다.

1927년

발명가:
로이 J. 웬슬리

발명 분야:
휴머노이드 로봇

의의:
쓸모 있는 일을 할 줄 아는 첫 휴머노이드 로봇 탄생

로봇이 지시대로 움직일 수 있을까?

허버트 텔레복스가 인간의 일을 하다

1920년대에는 미래적인 모습의 금속 '기계 인간'들이 등장해 세계의 관심을 끌었다. 대부분은 과거와 똑같은(14쪽) 눈속임을 동원한 자동장치에 전기나 압축 공기 같은 20세기 기술을 더한 정도였다.

그러나 웨스팅하우스가 1927년 발표한 휴머노이드 로봇 텔레복스(Televox)만은 달랐다. 비록 로봇 아시모가 인간처럼 2족 보행을 하기(127쪽) 70년 전이었지만 제법 쓸모 있는 일을 할 수 있었다.

텔레복스(정식 이름은 허버트 텔레복스)는 전화 너머로 음성 명령을 수신해 기계를 작동할 수 있었다. 겉보기에는 (또 실제로도) 사람 모양 종이 인형이 기계장치로 꽉 찬 상자를 등에 업은 모습이었다.

전 세계를 대상으로 한 출시 행사에서 허버트 텔레복스의 발명가인 로이 J. 웬슬리는 회사 연구실에 '열려라, 참깨'라고 말하면 열리는 문도 있지만, 전화를 이용한 음성인식에는 오류가 자주 발생해 허버트 텔레복스가 수화기 신호음을 인식하게 했다고 설명했다. 텔레복스는 웬슬리의 천재적인 마케팅 덕분에 유명세를 누리게 되었다.

생각하는 기계라고?

과학잡지 〈파퓰러 사이언스〉는 텔레복스의 성능에 홀딱 반한 듯 '생각하는 기계'라는 제목 아래 "전기 인간이 전화를 받고 집안일을 하며, 기계를 작동하고 수학 문제까지 푼다"고 썼다. 한편 〈맨체스터 가디언〉은 조금 더 현실적인 어조로 '전화기로 오븐을 켜다'라는 제목의 기사를 실었다.

웬슬리는 뉴욕에서 열린 시연회에서 허버트 텔레복스가 (소리굽쇠의 소리) 신호를 받아 지시에 맞게 스위치를 누르는 모습을 선보였다. 〈파퓰러 사이언스〉지 기자 허버트 파월에 따르면 "이 기계 인간은 전화기에 유선으로 연결하지 않고 우리와 똑같이 전화 소리를 듣는 것이다. 귀로는 고감도 마이크로 수신기 소리를 듣고, 입은 스피커로 송신기에 말하며, 언어는 기계음이다."

당시 웨스팅하우스는 외진 지역에 있는 변전소 인력을 줄이기 위해 새로운 아이디어를 개발하던 중이었고, 텔레복스를 시작으로 점점 더 큰 로봇을 제작했다.

절대 음감

변전소에 설치한 텔레복스에 (소리굽쇠 진동기로) 특정 음정의 명령을 보내면 텔레복스는 신호를 처리해 특정 스위치를 조작했다.

변전소 텔레복스는 지시 사항을 이행하면 미리 정한 신호음으로 중앙 제어실 텔레복스에 알렸다.

웨스팅하우스는 텔레복스 시스템이 저수조의 수위를 점검하는 모습도 시연했다. 수위 측정기에 연결한 텔레복스가 정해진 횟수만큼 신호음을 내며 수위를 알리는 방식이었다. 뉴욕 시에서는 1927년, 이 기계를 수위 측정에 실제로 이용했다.

〈맨체스터 가디언〉지는 다음과 같은 내용을 실었다. "웬슬리 씨는 이 장치의 작동 원리를 설명하며 전화 수신기 소리를 텔레복스가 고감도 마이크로 듣고, 텔레복스가 생성하는 신호는 스피커를 전화기 송신기에 대고 발신한다고 했다. 전화기가 울리면 소리를 감지하는 계전기가 수화기를 들어올리고 신호음을 낸 뒤 기계 전체를 작동 대기 상태로 만든다." 텔레복스를 둘러싼 세간의 관심과 흥분은 대부분 장밋빛 상상에 불과했다. 텔레복스는 집안일(물론 원칙상 가능했지만)도 하지 않고 특별히 수학 문제를 잘 풀지도 않았다. 그러나 텔레복스를 인간과 비슷한 모양으로 만들(고 광고와 언론 홍보에 써먹)겠다는 웬슬리의 결정 덕택에 텔레복스는 미국과 유럽 전역에서 선풍적인 인기를 끌었다.

빼어난 두뇌

웨스팅하우스는 텔레복스를 시작으로 로봇 개발을 이어갔고, 결국 일렉트로(Elektro)라는 음성조종 로봇을 1939년 세계박람회에 선보였다. "신사 숙녀 여러분, 만나서 반갑습니다. 저는 전기 계전기가 48개나 되는 빼어난 두뇌의 소유자로서 매우 똑똑하답니다."

박람회의 웨스팅하우스 전시장에서는 관중이 모두 올려다볼 수 있는 높은 무대에서 일렉트로 로봇이 '걷기(비록 우스꽝스럽게 미끄러지는 모양새였지만)'도 했다. 일렉트로는 녹음기로 대화하는 흉내를 낼 수 있었고, 700단어 정도의 '어휘력'까지 갖추었을 뿐 아니라 무대 위에서 담배를 피우고 풍선을 불 수도 있었다. 다음 해 세계박람회 때는 일렉트로가 금속 강아지 스파코(Sparko)를 데리고 등장했다. 개발에만 수십만 달러가 들고 홍보 투어에서 수백만 명에게 선보인 화려한 로봇이었다.

당시에는 '로봇'이라는 말이 지금만큼 널리 알려지지 않은 까닭에 웨스팅하우스는 일렉트로를 로봇이 아닌 '모토맨(Moto-man, 움직이는 사람-옮긴이)'이라고 홍보했다. 일렉트로의 이야기는 에필로그까지도 예사롭지 않다. 은퇴한 지 한참 지난 일렉트로가 1960년 개봉한 외설적인 코미디 영화 〈섹시녀 대학에 가다(Sex Kittens Go to College)〉에 로봇 씽코 역할로 출연한 것이다.

현재 허버트 텔레복스의 부품 일부와 일렉트로는 미국 오하이오 주 맨스필드 기념 박물관에 전시되고 있다.

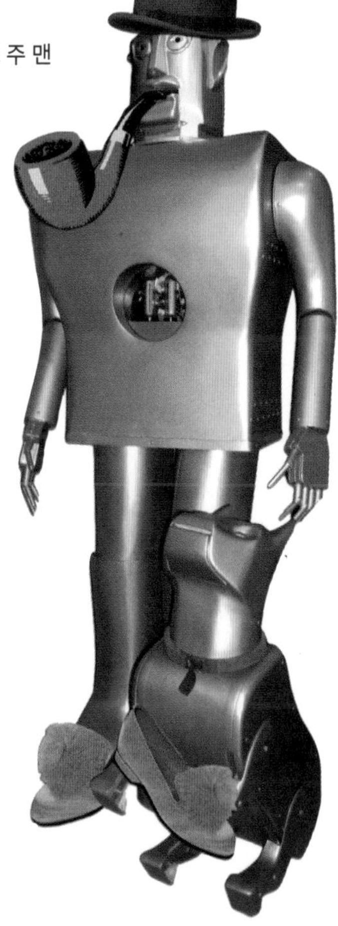

1928년

발명가:
프리츠 랑

발명 분야:
이야기 속 로봇

의의:
'기계 인간'이 로봇의 생김새에 영향을 줌

'기계 인간'은 어떤 모습일까?

영화에서 현실까지

영화 의상 중에서 프리츠 랑의 1927년 무성 영화 대작 〈메트로폴리스〉에 등장하는 신기한 금속 여인 '기계 인간(Maschinenmensch)' 또는 '인간 기계'만큼 강렬한 문화적 아이콘도 없다. 영화를 대표하는 한 장면에서 이 기계 인간은 여인의 몸에 철판 띠를 둘러 산업용 기계 같은 모습을 띠고 금속 얼굴에 아무 표정도 없이 조명을 두른 왕좌 같은 자리에 앉아 있다.

영화 속 기계 인간은 여인의 몸매를 본뜬 몸체를 기계처럼 과장된 동작으로 어색하게 움직인다. 이 디자인이 이후 허구(와 현실) 속 로봇의 생김새에 얼마나 큰 영향을 미쳤는지 돌아보면 기술을 성적 대상화하는 디자인을 과연 용인해야 하는지 의문이 든다.

기계 인간의 영화 의상은(촬영 도중에 사라져 떠들썩해지기도 했다) 영화를 찍기 불과 얼마 전인 1922년에 이집트 '왕가의 계곡'에서 발굴해 세상에 알려진 소년 파라오 투탕카멘의 가면에서 아이디어를 얻었다. 얼굴 부분은 디자이너 발터 슐츠-미텐도르프가 제작했다.

몸통은 억압받는 순수한 노동자 마리아와 기계 인간 복제판 역할을 둘 다 연기한 배우 브리기트 헬름의 몸에 석고로 모형을 뜬 뒤 그대로 복제했다. 소재는 슐츠-미텐도르프가 '유연하면서 공기에 노출되면 빠르게 굳고, 후가공할 때는 나무처럼 다룰 수 있는 플라스틱 목재'를 사용했다.

가면 뒤에서

결과물은 무표정한 금속 얼굴에 팔다리에는 긴 금속판을 두른, 인간의 모습이지만 인간성은 없는 기계였다. 이 의상이 처음 등장하는 곳은 발명가인 미치광이 과학자가 기계를 실제 여인으로 만들 방법을 찾았다며 황홀경에 빠진 장면이다. 당시 10대였던 배우 브리기트 헬름은 출연하는 내내, 길게 이어지는 장면에서도 이 의상을 입어야 했다(완벽주의자였던 감독은 수백 시간씩 촬영하고 또 촬영했다).

헬름의 어머니가 원작 소설가이자 프리츠 랑의 부인인 테아 폰 하르보우에게 딸의 사진을 보냈고, 사진을 본 프리츠 랑은 무명의 헬름에게 여주인공 역할을 맡겼다. 스크린 테스트 당시 헬름은 불과 16세였다.

헬름은 영화에서 마리아와 성적 대상화된 가짜 마리아 로봇을 연기한다. 가짜 마리아 장면에서 헬름이 입어야 했던 기계 의상은 헬름의 선 자세 그대로 몸에 꼭 맞춰 성형해 딱딱하고 불편했다. 촬영 후 헬름은 온몸에 베이고 긁히고 멍든 흔적투성이였다.

그러다 9일씩 걸리는 고된 장면을 촬영하던 어느 날, 헬름은 프리츠 랑 감독에게 화면에 얼굴도 나오지 않는데 대역 배우와 번갈아 촬영하면 안 되는지 물었다. 프리츠 랑은 거절했다. “내가 촬영할 때 자네가 로봇 안에 있다고 느껴야 한다네. 자네가 눈에 보이지 않을 때도 내 눈에는 다 보이니까.”

프리츠 랑의 기계 인간은 이후 다양한 영화 속 로봇 디자인에도 영향을 주었고, 그중에는 기계 인간을 거의 비슷하게 본뜬 〈스타워즈〉의 C3-PO도 있었다. 신시아 브리질 같은 로봇공학자는 이 C3-PO를 토대로 인간과 상호작용할 수 있는 ‘소셜 로봇’을 고안하기도 했다. 기업 로봇 디자이너들도 기계 인간의 모습에 강한 인상을 받았는지 소니의 로봇 강아지 아이보(124쪽)를 디자인한 소라야마 하지메는 2019년 이 기계 인간에 착안한 거대 조각상을 전시하기도 했다.

모래 위에 지은 성

프리츠 랑의 영화는 흑백 영화 시대의 상징으로 길이 남았지만, 개봉 당시에는 흥행에 완전히 실패해 영화를 제작한 독일 스튜디오 UFA는 파산 직전까지 갔다. 당시 기준으로 사상 최대 제작비가 든 영화로서 예산만 700만 라이히스마르크(1924~1948년 독일 통화단위-옮긴이) 정도였는 데다 비평가와 일반 관객 모두 끔찍이 싫어해 흥행에 참패한 것이다. 〈뉴욕 타임스〉는 이 영화를 ‘모래성 위에 얹은 화려한 기술의 향연’이라고 평했다.

〈메트로폴리스〉의 배경은 2006년으로서, 지배계급은 안락한 초고층 건물에 사는 반면 노동계급은 노예와 같이 열악한 환경에서 노역에 시달리고 있다. 과학자 로트방은 독재자의 지시로 인간 마리아를 본뜬 기계 인간 마리아를 만든다. 로봇 마리아는 (기술의 힘으로 포장하지만 아마도 현실에서는 제작비 부족으로) 실제 인간으로 변해 노동자들 사이에 불화를 일으키려 한다.

가짜 마리아는 노동자들을 선동한다. "메트로폴리스에서 기계에 산 채로 먹히는 연료는 누구인가? 기계의 마디마다 피로 윤활유를 칠하는 사람은 누구인가? 자기 살점을 뜯어 기계에 먹이는 사람은 누구인가? 어리석은 자들아, 기계는 굶기란 말이다! 기계 따위는 죽게 두란 말이다!" 결국 악행이 탄로 난 로봇은 화형대에서 불타 사라지며 본래의 금속 형상으로 돌아간다.

기계 여인

이후 소설과 영화에 등장하는 로봇 대부분이 마찬가지지만 영화 속 기계 인간 역시 무섭고 충격적인 존재다. 그뿐 아니라 후대 소설과 영화 속 (그리고 실제) 극도로 성적 대상화된 로봇이나 인공지능 비서의 생김새에 악영향을 끼쳤고, 오늘날까지도 각종 매체에 여성 로봇, 또는 '자이노이드(gynoid)'의 모습으로 등장해 남성의 손으로 만들어 남성이 값을 매기는 성적 대상으로 그려진다.

후대에 제작된 영화 중 〈블레이드 러너〉의 성 노동자 안드로이드 로봇 프리스(갑자기 제멋대로 날뛰어 난폭하게 '제거'당한다)나 (성공한 남성들이 말 잘 듣는 부인을 공장에서 찍어낸다는 아이라 레빈 작 풍자 소설이 원작인) 1975년 영화 〈스텝포드 와이브스(The Stepford Wives)〉의 고분고분한 여성 로봇 모두 성적인 분위기를 풍기며 노예같이 그려진다. 또 실제로 수많은 '하인' 로봇이 왜 하필 여성의 모습인지 불편한 의문이 든다. 지금도 아마존 알렉사(Alexa)나 시리(Siri) 같은 자상한 '음성 비서'들의 기본 설정은 여성 목소리다.

독일에서 나치가 권력을 잡자 프리츠 랑은 미국으로 망명을 떠나고 부인 폰 하르보우는 나치를 위한 영상을 제작하다가 제2차 세계대전이 끝난 뒤 영국군에 억류되었다. 배우 브리기트 헬름은 이 영화 이후 UFA에서 배우로서 성공을 거두지만 프리츠 랑과는 두 번 다시 일하지 않았다.

1938년

발명가:
윌러드 폴러드

발명 분야:
로봇 팔

의의:
'팬터그래프' 기술을 토대로 페인트 분사 로봇을 설계함

폴러드의 특허는 쓸모가 있었을까?

'위치 제어 기계'가 로봇 팔을 개척하기까지

영화나 소설에서 로봇은 인간과 비슷한 모습으로 그려진다. 그러나 일터에서 로봇은 수술 로봇부터 원격조종 차량에 달린 폭탄 제거용 로봇 팔, 우주왕복선에서 인공위성을 잡거나 우주비행사의 위치를 잡아주던 유명한 캐나담(Canadarm)까지 주로 팔만 따로 있는 모습이었다.

로봇 팔의 첫 설계안은 (비록 상업적으로 대성하기까지는 오래 걸렸지만) 이미 제2차 세계대전 전에 출현했다.

1938년 미국 엔지니어 윌러드 폴러드는 '위치 제어 기계'라는 이름으로 (로봇 팔) 특허를 출원했다. 미국 자동차 제조현장에서 도장 공정을 자동화하려는 의도였다. 20세기 초반에 미국은 세계 자동차산업을 이끌었다. 주로 과거 수작업하던 공정을 점차 효율화하고 자동화한 덕택이었다.

헨리 포드가 최초로 자동차 제조에 조립 라인을 도입해 자동차 대량생산의 길을 열자 자동차 한 대를 조립하는 데 드는 시간이 12시간 이상(차 한 대를 작업자 여러 명이 함께 작업할 때)에서 1.5시간 정도로 대폭 줄었다. 자동차가 생산라인을 따라 움직이며 작업자들이 각자 자기 자리에서 조립할 수 있었기 때문이다. 이렇게 모든 공정의 효율이 높아지며 부수적으로 자동차 가격까지 낮추자 포드의 모델 T는 출시 후 첫 10년 동안만 1,000만 대를 판매하며 자동차업계를 지배하게 된다.

이런 배경에서 프로그래밍 가능한 자동 로봇 팔을 개발해 차량용 페인트 분사 작업을 효율화하려는 폴러드의 발명은 어쩌면 당연한 다음 단계였다. 폴러드는 아이디어 구현을 위해 우선 1934년과 1938년에 특허 두 건을 등록했는데 하나는 페인트를 자동으로 분사하는 제어 시스템, 하나는 로봇 팔 시스템이었다. 그는 로봇 팔 특허 출원서에서 다음과 같이 설명했다. "이 발명은 위치를 제어하는 기계에 관한 것이다. 특히 스프레이건이 자동차 차체 같은 곡면이나 비정형의 면에 페인트를 분사하기 위해 면을

따라 움직이고 위치를 잡는 데 필요한 제어 기계와 관련 있다."

만능 팔의 용감한 도전

물론 폴러드의 발명이 하늘에서 뚝 떨어진 것은 아니었다. 그가 특허 출원서에서 설명한 기계는 일종의 팬터그래프로서 원래 문서를 한 번에 여러 부 작성하기 위해 여러 개의 펜을 관절로 연결한 '팔 모양 장치'였다.

팬터그래프를 처음 언급한 인물은 그리스의 철학자이자 수학자(면서 자동장치도 능수능란하게 설계하고 제작한 발명가) 헤론이었다(14쪽). 18세기 후반 관객들을 속인 악명 높은 가짜 체스장치 메커니컬 터크에도 팬터그래프가 들어 있어 기계 안에 숨어 있던 사람이 팬터그래프를 움직이면 기계 위에서 가짜 '자동'인형이 로봇 팔을 움직여 체스판 위의 말을 움직였다.

기계 안에 든 사람

그러나 폴러드의 로봇 팔은 달랐다. 기계 안에 사람이 들어갈 필요가 없는 것은 물론이고 인간이 조종할 필요도 없이 롤(roll, 갸우뚱), 피치(pitch, 끄덕끄덕), 요(yaw, 도리도리) 등의 움직임이 가능한 5축 자유도(DOF) 로봇 팔이었다.

특히 폴러드의 로봇 팔이 유용한 이유는 우선 프로그래밍이 가능해 작업 지시서를 바꿔 끼우면 지시에 따라 패턴을 바꿔 칠할 수 있고, 또 말단 장치를 갈아 끼우면 다른 공정에서 다른 작업을 수행할 수 있었기 때문이다.

위치를 제어할 때 공압 실린더를 사용했고, 비록 단순하지만 '프로그래밍이 가능'해 한 작업에서 다른 작업으로 빠르게 전환할 수 있었다. 폴러드는 다음과 같이 설명했다. "조립라인에서 '쿠페'가 다가오면 기계에 쿠페 모델에 맞는 '43'번 지시서를 끼우고 '세단'이면 다른 지시서를 끼우고, 이렇게 다양하게 작업할 수 있다."

로봇공학의 시대를 연 로봇 팔

하지만 폴러드의 아이디어는 시대를 한참 앞서 있었다. 폴러드가 발명한 팬터그래프 로봇 팔은 결국 대량으로 생산하거나 산업현장에 적용하지 못했다. 다만 차량 도장 전문기업 드빌비스가 1940년대에 폴러드의 설계안 또는 해럴드 로슬룬드의 '스프레이건 등 기기의 설정 경로에 따른 동작 방식'이라는 유사 특허를 바탕으로 시제품을 제작했을 수도 있다는 추측이 있을 뿐이다.

로봇공학자 마이클 모란은 「로봇 팔의 진화(Evolution of Robotic Arms)」라는 논문에서 다음과 같이 설명했다. "1930년대 후반 등장한 이 두 가지 이름 없는 로봇 팔을 과감하게 도입한 덕택에 현대 로봇공학의 시대가 열렸다." 그는 폴러드에 관해서도 다음과 같이 평가했다. "폴러드의 로봇 팔 발명과 자동화 로봇 팔을 산업현장에 적용할 수 있다는 발상이야말로 로봇공학이 비약적으로 발전하는 계기가 되었다."

제2차 세계대전이 일어나자 센서와 컴퓨터도 빠르게 발달하고, 점차 '지능형' 기계를 제어하는 시스템이 많이 등장한다. 로봇이 미국의 자동차 공장을 지배한다는 폴러드의 꿈이 이루어진 것은 그로부터 20년이 더 지나 유니메이트(Unimate) 로봇 팔이 등장하면서였다(95쪽).

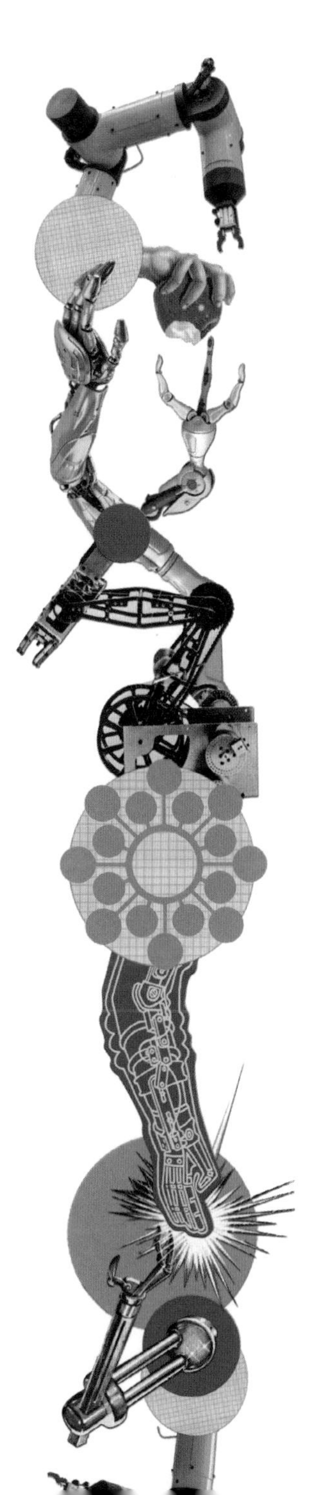

CHAPTER 4: 지능의 개발

1940 ~ 1969년

20세기 후반은 제2차 세계대전 시기에 탄생한 각종 신기술의 영향으로 컴퓨터공학과 인공지능 같은 새로운 분야가 빠르게 발전한다. 전쟁 끝 무렵 극비리에 개발한 에니악 등은 프로그래밍 가능한 범용 컴퓨터의 새로운 가능성을 제시했다.

이 시기에는 새로운 아이디어도 폭발적으로 등장했다. 전쟁 중에 컴퓨터공학을 개척한 앨런 튜링은 기계에 지능이 있는지 판단할 수 있는 시험 방식을 제안했고, 1956년 미국 뉴햄프셔 주 다트머스에서 열린 학회 참석자들은 '인공지능(Artificial Intelligence)'이라는

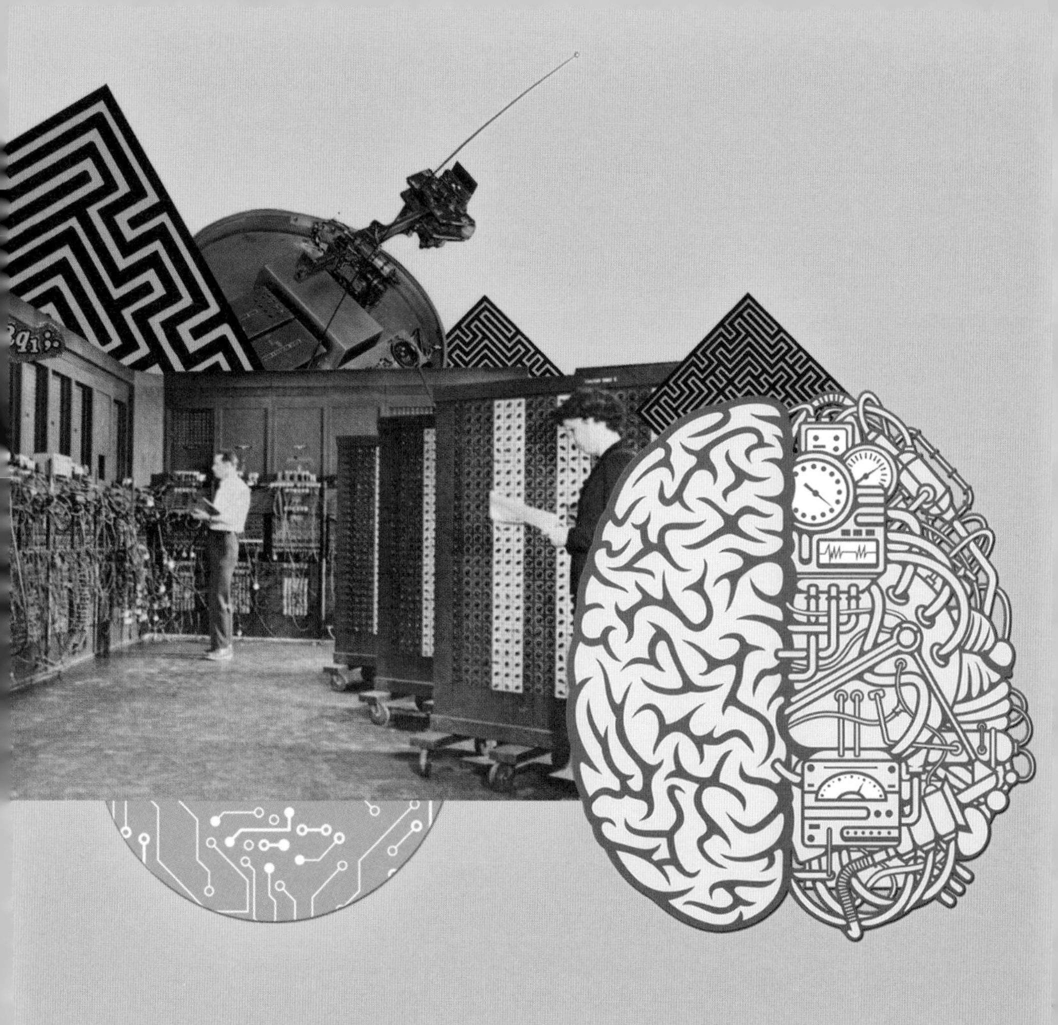

개념을 처음 제시하며 기계가 진정한 의미의 지능을 갖추었을 때의 밝은 미래에 대해 말했다.

그러다가 '인공지능의 겨울'이 닥쳐 인공지능 연구가 시들한 사이에도 세계 곳곳의 연구실에서는 다양한 로봇이 탄생했다. 이름만 들어도 덜컹거리는 모습이 연상되는 로봇 '셰이키(Shakey)'는 단계별 지시 없이 스스로 미로에서 길을 찾아 전 세계 많은 이들에게 꿈을 심어주었고, 그렇게 꿈을 키운 사람 중에는 젊은 날의 빌 게이츠도 있었다.

1942년

발명가:
아이작 아시모프

발명 분야:
로봇의 행동

의의:
로봇이 인간을 해치지 않는다는 '원칙'을 제시함

로봇이 규칙을 어겨도 될까?

아시모프의 '로봇 3원칙'이 인간과 로봇이 공존하는 그림을 그리다

'로봇공학(robotics)'이라는 말을 처음 쓴 사람은 왕성한 작품 활동으로 유명한 SF 작가 아이작 아시모프였다. 정작 아시모프는 1940년대에 이 말을 사용할 때 새로운 단어가 아닌 이미 존재하는 단어라고 생각했다.

'로봇 3원칙'은 아시모프의 SF 소설 『로봇』 연작에서 처음 등장했고 아시모프 작품에 등장하는 개념 중 가장 유명하면서 현재까지도 논쟁거리가 되고 있다.

로봇 3원칙은 로봇이 인간에게 유익한 도우미로 지내(고 주인을 배신하지 않)기 위한 단순한 규칙 모음으로 다음과 같다.

제1원칙: 로봇은 인간에게 상처를 입히거나 인간이 해를 입도록 방관하지 않는다. 제2원칙: 로봇은 제1원칙에 어긋나지 않는 한 인간의 명령에 복종해야 한다. 제3원칙: 로봇은 제1원칙과 제2원칙을 어기지 않는 선에서 자기 자신을 보호해야 한다.

아시모프는 이 3원칙을 제시한 뒤 후속작에서 제4원칙(아시모프에 따르면 '제0' 원칙)을 덧붙였다. '로봇은 인류에게 해를 끼치거나 인류가 해를 입도록 방관하지 않는다.'

다작하기로 이름난 아시모프는 매일 거르지 않고 아침 7시 30분부터 밤 10시까지 집필한다고 말했으며, 평생 어마어마한 양의 책(자신이 주인공인 탐정 소설부터 셰익스피어 작품 안내서까지)을 출간했다.

양 볼을 감싸는 넓은 구레나룻이 인상적인 아시모프는 작품을 쓸 때 신들린 듯 광속으로 써 내려가는 속도를 유지하기 위해 원고를 딱 한 번 퇴고하고 다시 고치지 않는다고 이야기했다.

그는 이 집필 방식에 대해 "문학적으로 수준 높거나 시적인 문체를 창조하는 데는 전혀 관심 없다. 그저 명확하게 쓰려 노력할 뿐이다. 다행히 조리 있게 생각하는 능력을 타고났기에 내가 생각하는 대로 글을 쓸 수 있

고, 쓴 글에 대체로 만족한다"고 말했다.

아시모프는 절대로 비행기를 타지 않았고 운동은 자신의 아파트에 설치한 실내용 크로스컨트리 스키 기계를 이용했다. 러시아 서부 스몰렌스크에서 태어난 아시모프는 지독한 근면·성실함을 러시아인 아버지에게 물려받았다고 했다. 아시모프의 아버지는 미국 뉴욕 브루클린에서 사탕 가게를 운영했는데 가게를 주 7일 오전 6시부터 새벽 1시까지 열었고, 어린 시절 아시모프는 이 가게에서 매일 일했다.

"타자 치는 것도, 자료 조사도, 우편물에 회신하는 것도 모두 직접 합니다. 심지어 출판 에이전시도 없습니다. 그러니 분쟁도 없고, 지시할 필요도 없고, 오해도 없지요. 저는 하루도 빠짐없이 매일 일합니다. 그중 일요일이 최고죠. 우편물도 없고 전화도 없으니까요. 제 관심사는 오로지 글쓰기뿐입니다. 입을 벌려 말하는 것도 글쓰기에 방해될 뿐입니다."

역할 모델

이 책에서 소개하는 로봇공학자 중에는 최초의 산업용 로봇 팔(95쪽)을 개발한 조지 데볼과 조셉 엥겔버거부터 사이버다인의 CEO 산카이 요시유키(145쪽)까지 아시모프의 작품을 감명 깊게 읽었다는 사람이 많다. 아마존의 제프 베조스도 아시모프의 팬으로 알려져 있다.

아시모프는 장·단편 소설 서른일곱 권으로 이루어진 『로봇』 연작에서 유용한 '양자 로봇'이 로봇 3원칙을 지키며 인류와 함께 사는 미래를 그린다. 그의 작품에 로봇이 등장한 것은 1940년대에 잡지에 기고한 단편과 수필이었다. 그는 이 글을 모아 1950년에 『아이, 로봇(I, Robot)』으로 출간했다.

아시모프가 묘사한 로봇은 카렐 차페크의 연극 〈로숨의 유니버설 로봇〉에서 인류에 맞서는 감정 없는 기계와 전혀 다르다. 아시모프는 어린이를 돌보는 로비부터 건실한 경찰까지 로봇을 인간에게 호의적인 존재로 묘사했다.

아시모프 단편 『로비(Robbie)』에서는 (아이가 로봇을 지나치게 좋아하니) 아이 돌보미 로봇을 없애자는 부인의 말에 조지 웨스턴이 반대한다. "인간 아이 돌보미보다 로봇이 100배 더 믿을 만하잖소. 로비는 만들 때부터 어린아이의 친구가 되는 딱 한 가지 목적에 맞게 만들었어요. 로비의 온 두뇌가

그렇게 만들어졌으니 믿음직하고 사랑이 넘치고 친절할 수밖에 없지요… 인간이 도저히 따를 수 없어요."

비록 아시모프의 소설에서는 이 3원칙을 피해 가는 방법(예를 들어 인간을 해칠지 모르는 채 로봇에게 일을 지시하는)도 은근슬쩍 등장하지만, 지난 수십 년 동안 로봇 3원칙은 인류가 기계를 어떻게 다스려야 하는지에 관한 논의의 화두 역할을 했다. 아시모프의 『아이, 로봇』을 원작으로 2004년 윌 스미스가 주연한 동명의 영화도 로봇이 살인을 저지르는 내용이며, 홍보 문구도 '규칙은 깨지기 마련'이었다.

새로운 원칙

지금도 로봇이나 인공지능의 윤리를 논할 때 아시모프의 로봇 3원칙을 출발점으로 삼는 경우가 많다. 그러나 로봇공학자들은 로봇이 다른 로봇을 고의로 해칠 수 있다는 사실 등 로봇 3원칙의 허점을 다양한 각도로 지적해왔다.

그중 영국 국책 연구기관인 공학 및 자연과학 연구위원회(EPSRC)는 새로운 로봇 원칙을 발표했다. "아시모프의 로봇 3원칙은 소설 속 장치다. 실제 삶에 적용하기 위해 작성한 것이 아니므로 실제 삶과는 맞지 않을뿐더러 실용성이 떨어진다. 예를 들어 인간이 해를 입을 경우의 수를 로봇이 어찌 다 알겠는가? 인간조차도 지시 사항의 의미를 혼동하는데 로봇이 어떻게 인간의 명령을 온전히 이해하고 복종하겠는가?"

위원회가 제시한 새로운 '로봇 원칙'에는 살상 로봇(사회운동가들이 점점 더 심각한 위협으로 경고하는 분야임, 130쪽) 금지 조항이 있다.

로봇의 행위에 대해 로봇 개발자와 제작자에게 책임을 묻는 조항도 있다. "법적으로 책임이 있는 행위자는 로봇이 아닌 인간이다. 인간은 로봇을 개발하고 조작할 때 사생활 보호를 포함해 현행법을 따르게 만들 의무가 있다."

여성들은 에니악 컴퓨터를 어떻게 도왔는가?

생각할 수 있는 성실한 기계

1944년

발명가:
존 모클리, 프랜시스 홀버튼

발명 분야:
디지털 컴퓨터

의의:
컴퓨터가 여러모로 인간보다 빨라짐

커다란 방 하나를 가득 채운 컴퓨터 에니악(ENIAC, Electronic Numerical Integrator and Calculator)이 1955년 '은퇴'할 때까지 10년 동안 계산한 양은 인류 전체가 수백 년 동안 계산한 양보다 많았다. 진공관과 다이오드로 만든 거대한 기계는 무게가 24톤, 면적은 167제곱미터나 되었고 제2차 세계대전이 한창일 때 개발을 시작해 1943년부터 제작에 들어갔다.

포탄 궤도

에니악은 젊은 과학자 존 모클리가 미군의 포탄 궤도 계산 속도를 높이기 위해 진공관을 활용하는 기계를 제안한 데서 출발했다. 최초의 프로그래밍 가능한 범용 전자 디지털 컴퓨터였다.

에니악을 개발한 이유는 탄도 발사표를 작성하기 위해서였다. 탄도 발사표는 표준 조건에서 포탄의 궤도 계산에 쓰였는데, 전쟁 중이었던 미군은 신무기 개발에 이런 탄도 발사표가 대량으로 필요했다.

원래는 기계식 계산기로 모든 경로를 수동으로 계산했고 60초짜리 궤도를 계산하는 데 20시간이 걸리기도 했다. 경로 계산에 시간이 너무 많이 소요돼 미군 탄도 연구소(BRL)에서 경로 계산에만 여학생을 100명씩 고용할 정도였다.

반면 에니악은 똑같은 계산을 30초 만에 끝냈다. 1초당 덧셈은 5,000건, 10자리 수 곱셈은 360건 수행할 수 있었다. 설정에 따라 나눗셈과 제곱근 계산도 할 수 있었다. 진공관 1만 7,000개에 저항기 7만 개, 기계식 계전기 1,500개를 사용한 역사상 가장 정교한 전자장치였다.

에니악은 펜실베이니아 주립대학 지하에 가로 15미터 세로 9미터 크기로 설치되었고 작동할 때 열도 174킬로와트씩 방출해 전용 냉각장치도 필요했다. 예상 제작비는 처음에 15만 달러였다가 실제 제작에 들어가자

40만 달러까지 올랐다.

그러나 에니악은 결국 참전하지 못했다. 종전 한참 후인 1945년 11월에야 완성되었기 때문이다. 하지만 에니악은 전쟁 후에도 미국 수소폭탄 개발에 쓰였다.

기계를 작동하는 손

제2차 세계대전으로 남성 엔지니어가 부족해지자 에니악 개발팀은 젊은 여성을 대거 동원했다. 젊은 여성 프로그래머들은 대부분 수학 전공자로서 개발팀에서 '배선' 프로그래밍을 맡았다. 근무하는 내내 기계 안에서 스위치와 전선을 꽂았다는 뜻이다. 대부분은 처음에 수기 계산을 담당했다가 에니악 개발에 동원되었고, 아이러니하게도 자신을 실직으로 몰아넣을 기계를 자기 손으로 개발한 것이다. 실제로 이들의 원래 직무도 '컴퓨터(계산원)'였다.

새로운 계산을 하기 위해 에니악의 설정을 바꾸는 데는 며칠씩 걸렸다.

프로그래머들은 배선반에 전선을 일일이 연결한 뒤 설정이 제대로 되었는지 확인하기 위해 몇 시간씩 기계를 시험했다. 그중 훗날 프로그래밍 언어 코볼(COBOL)과 포트란(FORTRAN) 개발에 참여한 프랜시스 홀버튼은 이런 기계 설정을 직감으로 알아낼 정도로 뛰어난 프로그래머였다. 홀버튼은 자다가도 새로운 아이디어가 떠오른다고 말하곤 했다.

누구라도 에니악의 전원을 끄면 따가운 눈총을 받았다. 기계를 켜거나 끌 때 진공관이 자주 터져 계산에 지장이 생겼기 때문이다. 진공관이 터질 때마다 직원들이 기계 안을 샅샅이 뒤져 파손된 진공관을 찾아 교체해야 했는데 점차 효율이 늘자 전 과정이 단 15분 만에 끝나기도 했다.

수소폭탄

전쟁이 끝난 뒤 에니악의 첫 임무는 로스 알라모스에서 미국 수소폭탄 개발 프로그램에 참여하는 일이었고 에니악은 당시 걸음마 단계였던 미국의 수소폭탄 개발에 필요한 계산 작업을 했다. 훗날 맨해튼 프로젝트 일원인 니콜라스 메트로폴리스가 수소폭탄 맞춤형으로 이름부터 대단한 새 컴퓨터 매니악(MANIAC, Mathematical Analyzer, Numerical Integrator and Calculator)을 개발했고 에니악은 벼락에 맞아 망가진 뒤 퇴역했다.

1997년 에니악의 고향 펜실베이니아 주립대학 무어 공대 학생들은 에니악 탄생 50주년을 맞아 컴퓨터가 초창기부터 얼마나 많이 발전했는지 나타내기 위해 수작업으로 전선을 연결하던 에니악 컴퓨터 전체를 PC에서 조작하도록 칩 1개에 담아 시연했다.

에니악은 은퇴 후 분해되어 일부는 스미스소니언 연구소에, 일부는 미시건 주립대학에 보관했다. 그 후 억만장자 로스 페로가 일부를 사들여 현재는 미국 오클라호마 주 포트실에 있는 야포박물관에서 전시하고 있다.

1949년

발명가:
에드먼드 버클리

발명 분야:
지능형 기계

의의:
개인용 컴퓨터 시대의 막이 오름

기계도 우리처럼 사고할 수 있을까?

'거대 두뇌'로 집집이 컴퓨터 한 대를 상상하다

컴퓨터의 초기 시절에는 컴퓨터를 전자기기가 아닌 인간(또는 인간 두뇌)과 비슷한 존재로 보는 시각이 지배적이었다.

신문 기사에서 에니악 같은 초기 컴퓨터(77쪽)를 설명하는 글에도, 대중적으로 인기를 끈 첫 전자 컴퓨터 관련 책에도 이런 이미지를 제시했기 때문이기도 하다. 에드먼드 버클리는 『거대 두뇌 혹은 생각하는 기계(Giant Brains or Machines That Think)』에서 '거대 두뇌'의 출현으로 세상이 완전히 달라지는 낙관적인 미래를 제시했다.

책은 1949년에 출간되었다. 1948년 노버트 위너가 자동조절식 기계를 언급한 저서 『사이버네틱스(Cybernetics)』로 선풍적인 인기를 끈 바로 이듬해였다. 버클리의 책은 기술에 초점을 맞춘 위너의 책보다 컴퓨터가 생활 곳곳에 스며들어 영향을 주는 미래를 생생하게 그려내어 일반 대중의 상상을 자극했다.

신기한 대형 기계

책 본문에는 다음과 같은 설명이 있다. "최근 신문에 어마어마한 속도로 정확하게 정보를 처리한다는 신기한 대형 기계에 관한 보도가 넘쳐나고 있다. 만약 우리 두뇌가 피부와 신경 대신 하드웨어와 전선으로 되어 있다면 이런 기계와 똑 닮았을 것이다."

버클리는 이 책을 제법 긍정적인 결론으로 마무리했다. "점차 기계가 정보를 다룰 뿐 아니라 계산을 하고 판단해 선택할 수 있을 것이다. 또 정보 입력을 받아 제법 신뢰할 만한 수준으로 작업을 수행할 수 있을 것이다. 고로 기계는 생각할 수 있다."

버클리는 1909년에 태어나 보험계리인이자 당시 대표적인 초대형 컴퓨터 몇 개를 직접 보기도 한 초기 컴퓨터공학자였다. 그는 책에서도 당시 있었던 대형 컴퓨터를 설명하고 이런 기계의 영향으로 우리 삶 전체가 바뀌는 미래를 상상했다.

책은 날개 돋친 듯이 팔렸고 영향력도 대단했다. 유명한 컴퓨터 대중서 『더미를 위한(For Dummies)』 시리즈를 기획한 패트릭 맥거번은 이 책을 읽고 틱택토 게임에서 누구에게도 지지 않는 컴퓨터를 설계했고, 이 발명으로 MIT 대학에 장학생으로 입학할 수 있었다.

로봇의 위협

이 책의 인기로 대량 실업 등 로봇과 인공지능 기술 발전을 걱정하는 소리가 높아지기도 했고, 이때 제기한 문제점은 오늘날까지도 로봇과 인공지능의 영향을 논할 때 화두가 되기도 한다. 존 E. 파이퍼는 〈뉴욕 타임스〉에서 다음과 같이 평했다. "거대 컴퓨터의 사회적 영향을 다루는 중요한 장도 있다. 과거 기술 발전으로 실직하는 사람들은 손을 쓰는 사람뿐이었지만, 상업용 컴퓨터를 수백 대 단위로 대량생산하는 시대가 오면 화이트칼라 노동자야말로 진공관 군단의 공격에 대거 밀려날 수도 있다." 파이퍼는 현재 작동하는 대형 컴퓨터가 아직 '몇 대 없으니' 이런 문제는 '미래에' 걱정할 일이라는 단서를 붙였다.

버클리는 책에서 로봇의 반란을 경고하기도 했다. 미래에는 로봇이 인간의 몸에 해를 입힐 수도 있다는 것이다. 그는 평생 핵무기 개발에 반대하는 사회운동가였으며 자동화와 신기술 무기를 맹비난하는 글을 쓰기도 했다.

단순한 사이먼

버클리의 책이 인기를 끌자 컴퓨터에 대한 사회의 관심도 점차 높아졌고, 컴퓨터를 두뇌에 비유하고 미래 사회에 널리 보급될 것이라는 책 내용에 따라 컴퓨터를 '두뇌'로 여기는 인식도 이때 깊이 배어들었다.

"인류는 기계로 된 두뇌를 이제 막 만들기 시작했을 뿐이다. 지금 완성된 것은 1940년 이후에 태어났으니 어린아이라고 볼 수 있다. 머지않아 우리는 훨씬 더 뛰어난 거대 두뇌를 보게 될 것이다."

아마도 이 책의 가장 큰 유산은 버클리가 책에서 언급한 단순한 '기계식 두뇌' 사이먼(Simon)일 것이다. 버클리는 책에서 사이먼을 설명한 뒤 직접 개발했고, 사이먼은 최초의 개인용 컴퓨터라는 평가를 받는다.

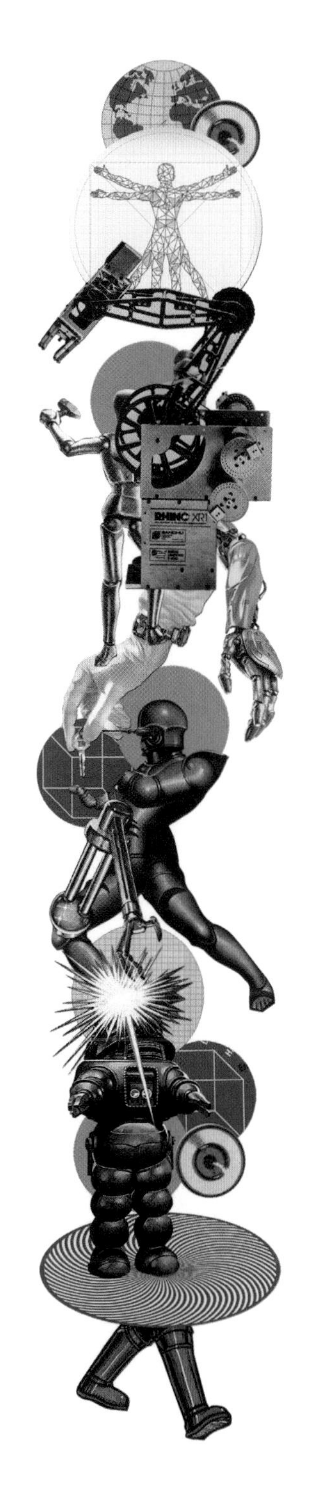

버클리는 사이먼을 다음과 같이 설명했다. "사이먼은 작고 단순해 식료품점 상자보다도 자리를 적게 차지하도록 만들 수 있다. 한 0.11제곱미터나 될까… 언뜻 사이먼처럼 기계식 두뇌를 극도로 단순화한 모형이 무슨 쓸모가 있을지 의아할 수도 있다. 그러나 사이먼을 간단한 화학 실험 도구처럼 활용하면 된다. 사고력과 이해력을 자극하고 기술을 연마하기 때문이다. 만약 기계식 두뇌를 가르치는 수업이 있다면 연습 과정으로써 사이먼처럼 단순한 모형을 제작할 수 있다."

사이먼은 천공카드로 데이터를 입력하면 단순한 덧셈을 할 수 있었고(버클리는 보험계리인 시절 천공카드를 사용했다) 계산을 마치면 기계 뒤쪽 전구를 밝혀 '답'을 출력했다.

현대사회 예측

버클리는 1960년대 광석 라디오 열풍처럼 사이먼이라는 기계로 사회에 '기계식 두뇌' 만들기 열풍이 일어나길 바랐다. 당시 기계 성능이 그렇게 뛰어나지는 않아(표시할 수 있는 숫자가 0·1·2·3뿐) 기계식 두뇌 만들기 열풍을 일으킬 정도는 아니었다. 그러나 이 기계를 개발한 경험 덕택에 버클리는 현대사회를 (비교적 정확하게) 예측할 수 있었다. 그는 1950년 〈사이언티픽 아메리칸〉에서 다음과 같이 미래를 예측했다. "언젠가 우리는 가정마다 작은 컴퓨터를 한 대씩 놓고 냉장고나 라디오처럼 전원에 꽂아 사용하고 (중략) 이 가정용 소형 컴퓨터는 우리가 기억하기 어려워하는 것들을 대신 기억해줄 것이다. 장부나 소득세 등을 계산해줄 수도 있다. 학교 다니는 아이들은 숙제할 때 컴퓨터의 도움을 받을 수도 있다."

기계가 튜링 테스트를 통과하려면?

기계가 지능을 나타낼 수 있는지 평가하다

1950년

발명가:
앨런 튜링

발명 분야:
기계지능

의의:
인공지능이 인간인 척할 수 있음

기계가 정말 똑똑한지 어떻게 알 수 있을까? '인공지능의 아버지'라고도 하는 영국 초기 컴퓨터공학자 앨런 튜링은 1950년에 '이미테이션 게임'이라는 이름의 간단한 검사를 고안했고 이 검사는 나중에 '튜링 테스트'로 널리 알려졌다. 튜링이 고안한 이미테이션 게임은 실내에서 즐기는 간단한 놀이로 하나는 인간, 하나는 기계인 두 '사람'을 놓고 심사위원이 따로 떨어져 앉아 이들과 대화를 나누며 어느 쪽이 인간인지 판단하는 놀이다.

비록 수십 년을 거치며 사람마다 게임의 규칙도 조금씩 다르게 해석하긴 했지만, 튜링의 논문 「계산 기계와 지성(Computing Machinery and Intelligence)」에 따르면 기계가 심사위원을 속여 인간이라는 판정을 받으면 게임을 '이긴' 것이다.

이미테이션 게임

튜링은 처음에 두 가지 게임을 제안했다. 하나는 심사위원이 남성과 여성을 놓고 성별을 맞추는 게임, 다른 하나는 기계와 인간을 놓고 어느 쪽이 인간인지 맞추는 게임이었다. 만약 인간이 성별을 속이는 만큼 컴퓨터가 인간 여부를 속일 수 있다면 컴퓨터가 승리한다는 논리였다.

물론 튜링은 이런 검사가 지능을 지나치게 단순화한다는 사실을 인정했다. 그는 '기계도 생각할 수 있는가?'라는 질문은 큰 의미가 없으며, 대신 '이미테이션 게임에 능한 컴퓨터를 만들 수 있을까?'로 관점을 바꾸자고 제안했다.

이 관점에 따르면 이 검사는 '진정한' 지능을 감별하거나 완전히 이해하는 게 아니라 단순히 기계가 인간을 흉내 낼 수

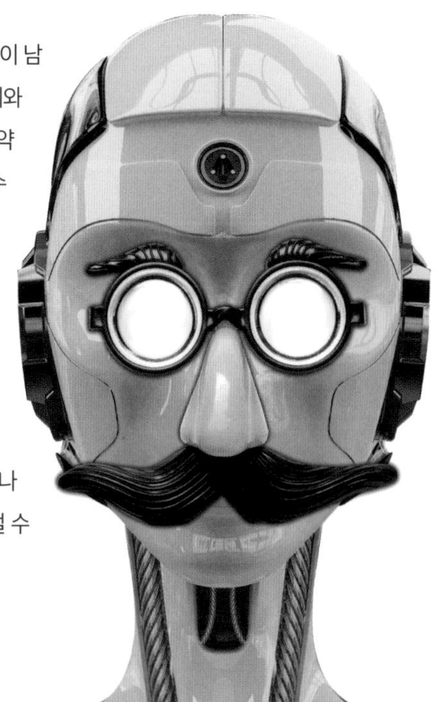

있는지를 보는 데 의미가 있다. 기계는 심사위원을 속이기 위해 '거짓말'을 해야 하고, 이를테면 복잡한 수학 문제를 풀 때는 인간과 비슷해 보이도록 30초 가까이 기다렸다가 답해야 한다.

"인간 의식의 신비를 완전히 밝혀낼 수 있다고 생각하지는 않는다. 그러나 컴퓨터가 인간을 흉내 낼 수 있는가 하는 의문을 푸는 데 꼭 인간 의식의 신비까지 밝힐 필요는 없다."

생각하는 기계

튜링은 지능형 기계의 완성 시기를 예측한 사람 중 더 낙관적인 축에 들긴 했다. 그는 20세기 말이 되면 기계도 '생각'할 수 있으리라 예상했다. "그때쯤이면 지능형 기계를 보는 사회 통념과 언어가 크게 달라져 기계가 생각한다는 개념에 이의를 제기하는 사람이 없을 것이다."

튜링이 이 문제를 던진 뒤 50년 이상 수많은 인공지능 챗봇이 각종 튜링 테스트를 '통과'하기 위해 경쟁해왔다. 가끔 각종 튜링 테스트에서 '승리'를 외친 개발자도 있었지만, 논란의 여지가 없는 깔끔한 승리는 아니었다.

튜링 테스트에 처음 도전장을 내민 소프트웨어는 1960년대 MIT 대학에서 개발한 일라이자(ELIZA)로 인간의 대화를 흉내 낼 수 있었다. 일라이자는 '패턴 대조(구절을 인식해 같은 구절을 다르게 되풀이하며 답함)' 방식으로 인간과 비슷한 대화를 쭉 이어갈 수 있었다. 그러나 일라이자의 개발자 조셉 와이젠바움은 일라이자를 계기로 튜링 테스트의 허점이 드러났다고 생각했다. '그녀'는 사람들이 무슨 말을 하는지 전혀 이해하지 못했기 때문이다.

1990년 발명가 휴 로브너가 제정한 로브너 상에서는 1년에 한 번씩 어느 챗봇이 심사위원단을 속여 인간이라는 판정을 받고 상금을 탈 수 있는지 경쟁했다.

유진 구스트만은 진짜일까?

2014년 연구자들은 유진 구스트만(Eugene Goostman)이라는 컴퓨터 프로그램이 런던에서 열린 영국 학술원 행사에서 튜링 테스트를 통과했다고 발표했다. 러시아 상트페테르부르크에서 개발한 이 소프트웨어는 우크라이나 출신 13세 소년의 대화 수준을 구현했다. 구스트만이 5분 동안 주제의 제한을 두지 않은 자유로운 대화 끝에 심사위원 중 33퍼센트를 속이자 레딩 대학 연구원 케빈 워윅은 튜링 테스트 통과를 선언했다.

"이 행사에서는 역사상 어떤 튜링 테스트보다 심사위원 간 상호 독립적으로 동시 비교 평가가 이루어졌고, 무엇보다도 주제의 제약이 전혀 없이 자유로운 대화가 이루어졌다. 튜링 테스트를 제대로 하려면 사전에 질문이나 주제를 정해놓지 않아야 한다. 그러므로 우리는 유진 구스트만이야말로 앨런 튜링이 고안한 검사를 최초로 통과한 소프트웨어라고 자부한다."

그러나 다른 사람들은 과거 다른 챗봇도 이 정도 결과는 이미 달성했다고 하며 이 검사가 '홍보 작전'이라는 의심의 눈길을 보냈다. 일단 워윅부터 팔에 컴퓨터 칩을 삽입하고 자신이 '최초의 사이보그'라고 발표한 적이 있는 홍보의 달인이었기 때문이다. 이 시험 방식을 비판한 사람들은 13세 나이와 우크라이나 출신이라는 설정부터 문제가 있으며, 어린 나이와 문화적 차이로 소프트웨어의 결함을 무마하려 했기에 공정한 경쟁이 아니라고 주장했다.

점점 많은 기업이 챗봇을 고객 소통의 첫 단계로 활용하고 점점 많은 소비자가 일상에서 애플의 시리나 아마존의 알렉사 같은 음성 비서와 소통한다. 이렇게 앨런 튜링이 상상한 것과 비슷한 소프트웨어는 매일 일상 주변 곳곳에서 우리와 자연스럽게 대화하고 있지만 인간인 척 우리를 속이려 들지는 않는다.

이제는 과학자들이 튜링 테스트를 인공지능의 기준으로 보지 않지만, 튜링 테스트는 아직 우리 일상에서 중요한 부분을 차지하며 우리는 수시로 일종의 '역(逆) 튜링 테스트'를 겪는다. 온라인에서 각종 양식을 작성할 때마다 인간인 척 위장하는 기계를 걸러내는 캡차(CAPTCHA) 문항에 답해야 하기 때문이다. 우리가 로봇이 아닌지 증명하기 위해 화면에서 야자나무나 소화전 사진을 골라낼 때마다 튜링 테스트를 거꾸로 거치는 셈이다.

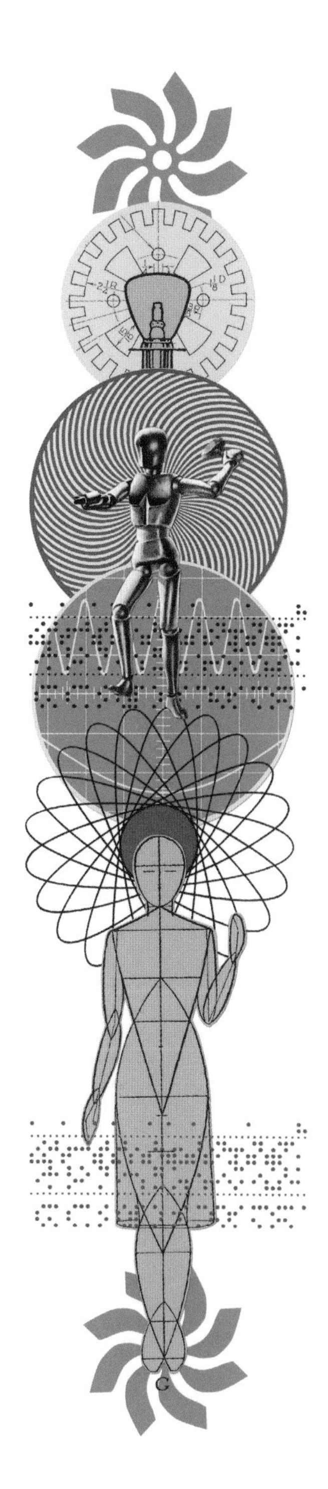

1951년

발명가:
마빈 민스키

발명 분야:
인공신경망

의의:
인간 두뇌를 닮은 컴퓨터가 마치 살아 있는 것처럼 '학습'할 수 있음

스나크가 뭔데?

최초로 인간 두뇌처럼 '학습'한 인공신경망 기계

스탠리 큐브릭 감독이 1968년 작 영화 〈2001년 스페이스 오디세이〉에 등장할 인공지능 악당 HAL을 구상할 때 그는 33년 후(영화 배경은 1991년) 인공지능이 어디까지 할 수 있을지 최대한 정확히 '구현'하려 했다. 그가 찾아간 전문가는 마빈 민스키였다. 민스키는 1991년을 기준으로 인공지능 컴퓨터가 무엇을 할 수 있을지(영화에서는 말은 물론 상대방의 입 모양까지 읽고 체스도 둔다), 그리고 어떤 모습일지(검정 상자로 가득한 벽장) 조언해주었다.

민스키는 1940년대 하버드 대학 학부생 시절 이미 '학습'할 수 있는 기계를 설계한 선견지명 있는 과학자였다. 다방면에 재주를 보인 천재로서 처음에는 수학 외에도 음악과 생물학을 공부한 뒤 천직이 될 인공지능 분야에 발을 디뎠다. "유전학도 꽤 재미있어 보였어요. 아직 그 비밀을 푼 사람이 없으니까요. 그렇지만 충분히 깊이 있는 분야인지 확신이 없었어요. 물리학 문제들은 심오하고 도전하면 풀 수 있을 듯했지요. 물리학도 괜찮았을 것 같아요." 그는 1981년 〈뉴요커〉 인터뷰에서 말했다. 그러나 민스키에게는 유전학도 물리학도 인공지능만큼 심오해 보이지 않았다. "지능이라는 문제는 막막할 정도로 심오해 보였어요. 그 뒤로는 쭉 한 길만 걸었습니다."

인간의 세포 속

민스키는 1943년 신경생리학자 워렌 맥컬럭과 수학자 월터 피츠가 뉴런(뇌세포)의 작동 방식을 연구한 논문에 완전히 매료되었다. 논문에서는 단순한 전기회로를 이용해 이 주장을 모형으로 제시했다.

1951년, 하버드 대학 심리학자 조지 밀러는 민스키도 이

와 비슷한 기계를 개발할 수 있도록 연구비를 확보해주었다. 민스키는 동료 대학원생 딘 에드먼즈를 끌어들여 개발을 시작하면서도 에드먼즈에게 '너무 어려울'까 걱정된다고 일러두었다.

민스키와 에드먼즈가 개발한 기계는 신경망의 작동 방식을 본뜬 최초의 전자학습 시스템이 되었고, 인공신경망은 인간의 두뇌 구조를 본뜬 컴퓨터 정보망으로서 오늘날에도 널리 쓰인다.

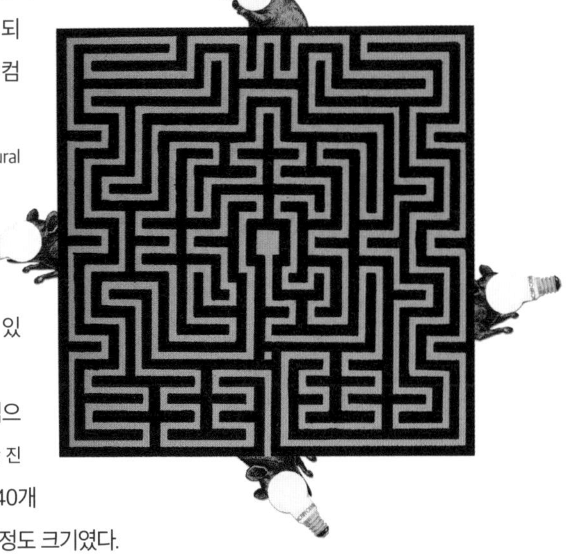

이들이 개발한 스나크(SNARC, Stochastic Neural Analog Reinforcement Computer, 확률적 신경 아날로그 강화 컴퓨터-옮긴이)에는 각종 튜브와 모터, 클러치(그리고 B-52 폭격기 계기판의 예비 부품)로 조립한 40개의 시냅스가 있었다.

그중 현재 남아 있는 부분은 배선반을 중심으로 서로 연결된 40개 뉴런 중 하나(라고 하지만 진공관과 전선, 축전기로 만든 거대한 기계)가 전부다. 40개를 모두 조립한 완성품은 그랜드 피아노 한 대 정도 크기였다.

스나크의 핵심 원리는 긍정적 학습을 '강화'하는 것이었다. 기계에는 축전기(충전한 전기를 저장할 수 있는 부품으로 단기기억에 이용)와 가변저항(음량 조절과 장기기억에 이용)으로 된 '기억장치'가 있었다.

뉴런이 발화하면 축전기가 발화한 사실을 기억하고, 만약 시스템이 '보상'을 받으면(연구자들이 특정 버튼을 누름) 40개 뉴런의 가변저항에 연결된 사슬이 움직이면서 향후 같은 뉴런이 발화할 가능성이 커진다. 이렇게 축전기와 가변저항이 함께 작용해 시스템이 올바른 의사 결정을 할 때마다 '보상'을 받는다.

기계 안에 든 쥐

민스키는 기계의 성능을 시험하기 위해 음식을 찾으러 미로를 통과하는 '쥐' 역할을 설정했다. 지금은 기계가 사라졌으니 민스키가 학습 결과를 어떻게 추적했는지 확실하지는 않다. 민스키가 스나크를 완성한 뒤 다트머스 대학 학생들에게 빌려주었지만 10년 후 돌려달라고 했을 때 기계는 이미 사라진 뒤였다. 민스키와 에드먼즈가 기계의 학습 정도를 전구 불빛으로 추적했으리라는 주장이 유력하다.

민스키에 따르면 기계는 몇 번 시도해본 뒤 강화를 통해 옳은 선택을 익혀 가며 논리적으로 '사고'할 수 있었다. 즉 기계 속 '쥐'가 처음에는 무작위로 돌아다니다가 '옳은' 선택을 하면 다음번에는 같은 선택을 더 쉽게 할 수 있었다.

그러다가 민스키는 생각지 못한 사실을 발견했다. "알고 보니 우리가 설계상의 실수로 쥐 한 마리가 아니라 두세 마리를 미로에 넣고 모두 추적했던 거예요. 그랬더니 쥐들이 서로 소통하지 뭐예요. 그중 한 마리가 좋은 경로를 찾으면 다른 쥐들도 대체로 같은 길을 따라갔어요. 우리는 연구도 잠시 멈추고 멍하니 기계를 바라봤습니다. 이 조그만 신경망 안에서 여러 가지 활동이 동시에 벌어지다니 정말 놀라웠어요."

머리 좋은 기계

훗날 민스키는 1969년 시모어 페퍼트와 공동으로 『퍼셉트론(Perceptrons)』을 출간해 당시에 아직 새로운 분야였던 인공신경망 연구의 한계점을 지적했다. 어떤 이는 이 책을 두고 이 분야의 연구비 배정에 훼방을 놓았다고 비난하기도 했다.

그러나 최근 인공신경망은 매우 인기 있는 연구 분야로서, 여러 층의 노드(node)로 구성된 컴퓨터 정보망을 (레이블을 단 이미지 등) 다양한 예시로 훈련한 뒤 새로운 이미지를 보여주며 컴퓨터가 스스로 인식하는 '딥러닝' 혹은 심층학습에도 널리 쓰인다.

그중 음성인식과 번역 소프트웨어는 인공신경망을 활발하게 적용하는 분야다. 구글 딥마인드의 인공지능 알파고가 바둑 세계 챔피언을 상대로 승리를 거두었을(155쪽) 때도 알파고는 '인공신경망'을 이용해 바둑의 최고 고수들을 능가하는 법을 학습한 뒤 완전히 새로운 전략을 스스로 생각해냈다.

구글은 한 발 더 나가 인공신경망으로 인공지능용 칩을 설계하는 실험도 해봤다니 스탠리 큐브릭과 HAL, 〈2001년 스페이스 오디세이〉가 떠오르는 으스스한 이야기다.

인공지능은 언제 탄생했을까?

다트머스 회의

1956년

발명가:
존 매카시

발명 분야:
인공지능

의의:
인공지능 분야를 만들고 과제를 정의함

'인공지능'이라는 말은 1955년 8월 '지능형 기계 개발'을 주제로 한 어느 워크숍 제안서에서 탄생했다. 워크숍을 제안한 당시 뉴햄프셔 다트머스 대학의 수학과 조교수 존 매카시는 1950년대 과학자들이 공감하던 낙관적인 미래를 힘주어 강조했다. 바로 인공지능이 그렇게 어려운 문제가 아니라 머지않아 개발할 수 있다는 예측이었다. 이 워크숍에서 발표한 논문에는 마치 1950년대 말까지 인공지능을 완전히 해결할 것만 같은 의욕이 드러난다.

흔히 '인공지능'이란 말을 처음 제안한 사람은 매카시라고 알려져 있으며, 그는 인공지능을 '과학과 공학을 동원해 지능이 있는 기계를 만드는 기술'이라고 정의했다. 매카시는 이 워크숍에서 "기계가 언어를 사용하고 추상화와 개념화가 가능하며, 인간만이 풀 수 있는 문제를 풀고, 스스로 발전할 수 있을 것이다. (중략) 이런 목적에 따르면 인공지능의 숙제는 인간이라면 지능적이라고 할 만한 행동을 기계도 할 수 있게 만드는 것이다"라고 낙관했다.

생각하는 기계

최초의 인공신경망 기계를 발명한(86쪽) 마빈 민스키 등 학자 50여 명이 참석한 이 워크숍은 그해 7월과 8월까지 길게 이어졌다. 학문 분야로서의 인공지능은 여기서 탄생했고, 이 자리에 참석한 수학자와 과학자들은 각자 인공지능 영역에서 굵직한 혁신을 이루었다.

그러나 이 워크숍 제안서의 어조를 보면 당시 인공지능 분야의 권위자들은 당장이라도 컴퓨터가 인간 정도의 지능을 갖추리라고 믿으며 과도한 낙관론에 들떠 있는 듯하다. 60여 년이 지난 지금도 제안서에서 예측한 내용이 모두 이루어지지는 않았다.

인공지능과 기계학습 시스템이 자연어로 말하기 등 인간과 같은 일을 어느 정도 수행할 수는 있지만, 다트머스 회의 참석자들이 상상한 정도의 지능에는 도달하지 못했다.

제안서에서 이들은 "과학자 중 적임자를 엄선해 팀을 꾸린다면 여름 한 철 동안 이 문제 중 하나 이상을 풀 수 있을 것이다"라고 낙관했었다.

학자들이 순진하게도 풀 수 있으리라 생각한 '문제' 중에는 인간 두뇌의 작용을 그대로 본뜬 컴퓨터 개발, 인공신경망, 언어를 자연스럽게 구사하는 컴퓨터와 스스로 학습하는 컴퓨터 등이 있었다.

그중 한 제안서에는 다음과 같은 내용도 있다. "비록 인간 두뇌의 고차원적인 작용을 재현하는 데 컴퓨터 처리 속도와 저장 용량의 현재 수준이 부족하긴 하지만, 가장 큰 어려움은 기계 성능이 아니라 현 수준의 기계 성능을 최적화하는 프로그램이 없다는 것이다."

인공지능의 겨울

똘똘한 소프트웨어만 있으면 값비싸고 느린 1950년대식 컴퓨터에서도 인공지능을 구현할 수 있다는 생각은 화려한 착각이었고, 그 밖에도 다트머스 회의에서 예측한 미래상 중 지금도 실현하지 못한 내용이 많다.

1960년대와 1970년대에도 컴퓨터의 성능은 좋아지고 가격은 낮아져 인공지능에 대한 사회의 관심은 계속 높았다. 하지만 누구도 (언어를 이해하거나 스스로 학습하는 기계는 고사하고) 인공지능 비슷한 것조차 구현하지 못하자 1970년대 후반부터 1980년대까지는 연구비 지원도 점차 줄어 이른바 '인공지능의 겨울'이 찾아왔다.

1973년 영국 의회는 제임스 라이트힐 교수에게 영국 인공지능 연구의 현주소 평가를 요청했다. 그는 평가 보고서에서 인공지능이 '원대한 목표'

를 달성하지 못했다고 비판했다. "지금까지 인공지능 연구 중 다트머스 워크숍 당시 목표한 성과를 이룬 연구는 없다." 이 보고서에서는 인공지능 알고리즘으로 현실의 문제를 해결할 수 없다고 진단했고, 영국이 인공지능 연구비를 삭감하자 미국도 뒤를 따랐다.

그 후 지금까지 '인공지능'에 대한 관심은 다시 높아졌지만, 이번에는 다트머스 회의 참석자들로 하여금 인간과 같은 지능을 구현하는 것이 뉴잉글랜드 지방의 한 철 무더위 동안이면 소수의 과학자에 의해 해결될 수 있는 문제라고 믿게 만든 맹목적인 낙관론은 없었다.

기계 철학

매카시는 이후 인공지능의 철학을 정립하는 데도 이바지했다. "온도 조절기처럼 단순한 기계도 가치관이 있을 수 있다. 문제를 해결할 수 있는 기계라면 가치관을 지녔다고 볼 수 있다."

매카시는 체스에서 가리 카스파로프를 이긴(117쪽) 딥블루(Deep Blue) 같은 시스템에 실망을 표시했고, 똑같은 문제를 점점 더 빨리 해결하는 데만 골몰하는 인공지능 연구의 현주소를 비판했다.

그의 동료 대프니 콜러는 매카시가 마지막까지(2011년 사망) 효율을 중요시하는 좁은 의미의 현대식 인공지능이 아닌 튜링 테스트를 통과할 인공지능 발명을 손꼽아 기다렸다고 전했다. "그는 인간 정도의 지능을 실제로 재현해야 진정한 인공지능이라고 생각했어요."

1960년

발명가:
존 처벅

발명 분야:
학습하는 로봇

의의:
로봇이 스스로 '생존'할 수 있게 됨

기계가 자신을 돌볼 수 있을까?

로봇 비스트가 스스로 충전하다

소저너 로봇이 화성에서 새로운 세계를 탐험하기 30년 전인 1960년대 초에도 미국 메릴랜드 볼티모어에 있는 존스홉킨스 대학 전문가들은 스스로 생존할 수 있는 로봇 개발을 고민하고 있었다.

존스홉킨스 대학의 응용물리학 연구실은 화성 표면은 아니어도 훨씬 덜 혹독한 환경을 조성해 그 안에서 스스로 생존할 수 있는 로봇 비스트(Beast)와 퍼디낸드(Ferdinand)를 개발했다.

'이상하게 생긴 괴물'

이들은 로봇의 '생존'이란 다른 물체에 끼거나 길을 잃지 않고 다니며, 항상 충전 상태를 유지하는 것으로 정의했다. 두 로봇은 센서를 이용해 스스로 전원을 찾아 생존 상태를 유지할 수 있었다. 연구원에 따르면 최장 시간 생존 기록은 인간의 개입 없이 40시간으로, 그것도 기계 고장이 발생해 어쩔 수 없이 운행을 중단했기 때문이었다. 로봇의 키는 60센티미터가량으로 인간이 미로에서 길을 잃었을 때 벽을 짚으며 길을 찾아가듯 '팔' 하나를 뻗어 벽을 짚으며 길을 찾았다. 연구실 전문가들은 이 기계를 토대로 미래에는 깊은 바닷속이나 태양계 다른 행성을 탐험할 수 있는 로봇을 개발하기를 바랐다.

존스홉킨스 대학의 존 처벅은 훗날 아폴로 달 탐사선 유도 체계 설계에 참여하기도 한 로봇공학 전문가로서, 퍼디낸드를 '이상하게 생긴 괴물'이라고 소개하며 로봇을 제어하는 트랜지스터와 마이크로스위치를 들어 '모의 신경계'라고 설명했다. 그는 각종 시연에서 비스트와 퍼디낸드가 의자가 가득한 방을 지나고 출입구를 통과하며 어수선한 연구실('정말 뒤죽박죽이죠.' 그가 웃으며 말했다) 환경에서 어떻게 살아남는지 보여주었다.

로봇은 여러 센서를 장착해 벽을 따라다니며 스스로 경로를 찾고 전원을 찾아 충전했다. 충전이 끝나면 로봇은 스스로 모드를 바꿔 다시 주변 환경을 탐색하러 다녔다.

로봇은 절전, 충전, 고속, 저속 등 21가지 상태를 설정할 수 있었고 조종기로 조종할 수도 있었다. 수정·보완을 거친 비스트 2호는 너비 50센티미터에 무게는 45킬로그램 정도였으며, 내부에는 디지털 회로와 서보모터 150대가 있어서 기계가 스스로 전원 플러그를 뽑어 전원에 꽂을 수 있었다.

길 찾기는 박쥐처럼

비스트는 막다른 구석에 갇히면 '진동' 상태로 전환해 그곳을 빠져나갔다. 주변 환경을 '감지'하는 여러 개의 마이크로스위치 덕택에 충전 플러그를 제자리에 꽂을 수 있었다. 만약 한 번에 꽂지 못하면 다시 한 번 시도해본 뒤 또 실패하면 경로 찾기 상태로 전환하고 다른 전원을 찾아 나섰다. 박쥐처럼 양옆으로 초음파 빔을 내보내 음파가 벽을 치고 돌아오는 시간을 계산함으로써 벽을 짚지 않고도 복도 중앙을 따라 이동할 수 있었다.

또 광학센서로 연구실 곳곳에 흩어져 있는 전원의 검정 가림판을 인식했고, 처벅의 말에 따르면 의자 다리 등 비슷한 모양이면 전부 전원으로 인식하는 부작용도 없지는 않았다.

퍼디낸드와 비스트는 둘 다 원격조종으로 '운전'할 수 있었지만 혼자서도 잘 다녔기에 굳이 조종할 필요는 없었다. 그러나 후대 로봇과는 달리 주위 환경을 학습하는 능력은 없었다.

그렇다고 학습을 전혀 못했던 건 아니며, 연구팀은 로봇의 성능을 시연하는 영상에 다음과 같이 적었다. "이 자동장치가 주변 환경을 익혀 학습하지는 않지만, 개발자들이 자동장치를 보고 학습하고 있습니다." 연구자들은 로봇에 센서를 더 달아 보다 혹독한 환경에서 생존할 수 있는 탐사 로봇을 만들고자 했다.

비스트는 전통적인 온도조절기와 난방기의 결합 비슷한 일종의 원시적인 초기 인공두뇌 시스템으로서 '전(前) 로봇'이라는 평가를 받는다. 온도조절기가 특정 온도를 '목표' 삼아 작동하듯 비스트의 전자장치도 충전 지점을 찾아 충전하는 '목표'를 세워 움직이기 때문이다. 아직 이 세대에서는 로봇 내부에 컴퓨터나 프로그래밍 언어를 장착하지는 않았다.

무관심

연구에 참여한 로널드 맥코넬은 〈사이언티픽 아메리칸〉에서 로봇이 NBC 방송에 잠시 출연하는 등 어느 정도 언론의 관심을 받긴 했어도 NASA 등 정부기관은 별 관심을 보이지 않았다고 했다. "고등연구계획국(ARPA, DARPA의 전신-옮긴이)이 찾아오긴 했지만, 이때는 인간을 우주에 막 보내기 시작한 때라 그런지 고등연구계획국은 심해나 달, 화성을 탐사할 로봇 프로토타입 제작에는 별 관심이 없었다." "존슨 왁스 사람들이 찾아와 바닥 왁스 청소 로봇 개발이 가능한지 묻고 가는 정도였다."

로봇이 스스로 충전기를 찾아가는 시스템은 이제 로봇청소기 같은 가전제품에서도 흔히 접할 수 있고, 혼다가 개발한 휴머노이드 로봇 아시모부터 안키(Anki)의 벡터(Vector) 등 '장난감' 로봇까지도 스스로 충전기를 찾아갈 수 있게 되었다.

인간이 하던 일을 로봇이 대신할 수 있을까?

로봇이 제조업에 혁명을 일으키다

1961년

발명가:
조지 데볼

발명 분야:
로봇 팔

의의:
로봇이 제조업을 혁신함

1956년 어느 칵테일 파티에서 미국 엔지니어 둘이 담소하며 좋아하는 SF 소설 이야기를 나누고 있었다. 이들은 특히 로봇이 인간과 함께 일하는 미래를 그린 아이작 아시모프의 『로봇』 시리즈 속 로봇 하인과 로봇이 인간 주인을 해치지 말아야 한다는 '로봇 3원칙' 이야기에 죽이 잘 맞았다. 아시모프는 『아이, 로봇』 같은 소설에서 먼 미래에 로봇이 인간과 함께 일하는 모습을 그렸다.

그중 조지 데볼이 자기 특허 이야기를 꺼냈다. 사물을 운반하는 프로그래밍 가능한 기계 아이디어였다. 대화 상대였던 엔지니어 조셉 엥겔버거는 이 말을 듣고 외쳤다. "제가 보기엔 딱 로봇 같은데요!"

엥겔버거는 데볼의 특허 사용권을 취득했고, 개발 끝에 생산라인에 쓸 수 있는 최초의 산업용 로봇 팔 유니메이트가 탄생했다. 오늘날까지 제조현장에서 사용하는 로봇 팔과 비슷한 형태였다.

데볼과 엥겔버거는 함께 제조업계를 완전히 바꾸어 놓았지만 처음 로봇 팔을 함께 개발할 당시에는 기업에 로봇 팔을 소개할 때마다 돌아온 건 의심과 적대감뿐이었다. 우선 대다수가 이런 기계의 개발 가능성부터 믿지 못했다. 그들은 40군데에서 거절당한 뒤에야 처음으로 투자에 나서는 기업을 만났다. "보통의 기업가에게 로봇을 이해시키려니…" 데볼이 말했다. "다들 SF 소설 이야기라고 생각했어요." 새 로봇 특허는 두 사람이 만난 지 5년 후인 1961년에야 승인받았고, 두 사람은 유니메이트 첫 모델을 제너럴모터스에 팔았다.

이 유니메이트의 '업무'는 미국 뉴저지 유잉 타운십에 있는 제너럴모터스 공장에서 고온 금속 부품을 들어올려 쌓는 일이었다. 인간에게는 위험하면서 불쾌한 작업이었지만 프로그래밍 가능한 이 로봇 팔에게는 식은 죽 먹기였다.

일자리를 빼앗는다고?

머지않아 유니메이트 1900 시리즈는 대량생산에 들어갔고 곧 미국 내 각 공장에서 유니메이트 400대가 첫 근무에 나섰다. 전 세계가 이 로봇 팔에 홀딱 반했고, 유니메이트는 TV에도 출연해 〈자니 카슨 쇼〉에서 골프공을 퍼팅하고 맥주를 따르기도 했다. 서툰 솜씨로 아코디언을 잡기도 했다. 진행자 카슨은 '누군가의 일자리를 뺏을 수 있을 정도로 재주꾼'이라고 감탄했다.

유니메이트는 지시 사항을 저장하는 자기 드럼 기억장치가 들어 있어 프로그래밍할 수 있었다. 그러나 센서를 장착하지는 않아 할 수 있는 일이라고는 같은 작업을 계속 반복하는 것뿐이었다.

이후 크라이슬러 등 다른 기업에서도 유니메이트를 도입했고 (신모델은 용접과 페인트 분사 기능도 있었다) 일본은 유니메이트를 시작으로 로봇 팔 기술을 적극적으로 도입해 자동차산업이 빠르게 발전했다.

그 후 일본과 중국은 산업용 로봇을 적극적으로 도입했다. 국제로봇협회(IFR)에 따르면 오늘날 전 세계 공장에 산업용 로봇 270만대가 작동하고 있으며, 미국 과학잡지 〈파퓰러 메커닉스〉는 20세기 최고의 발명품 50가지를 선정할 때 유니메이트 로봇 팔을 꼽았다.

핫도그와 햄버거

독학으로 발명을 익힌 조지 데볼은 1940년대에 동전을 넣으면 핫도그를 구워 내놓는 일종의 전자레인지 스피디 위니(Speedy Weeny)를 발명했고, 데볼의 아내는 집에서 비슷한 기계로 햄버거를 굽기도 했다. 자동으로 열리는 문을 개발해 유령 문지기(Phantom Doorman)라는 이름으로 판매하는 등 평생 40개도 넘는 특허를 낸 발명가였다.

훗날 〈컴퓨터 월드〉 잡지와의 인터뷰에서 데볼은 독학을 해서 특별히 손해 본 적은 없었다고 말했다. "항상 남들도 아는 게 없는 산업을 찾아 도전했거든요. 정보도 없고 물어볼 곳도 없으니 제가 정보를 만들었죠."

엥겔버거와 아시모프

엥겔버거는 그 후에도 그저 로봇공학 기술을 개척한 사람이 아니라 병원부터 우주 탐사까지 로봇공학 도입에 이바지한 '로봇공학의 아버지'로 이름을 남겼다. 그는 NASA의 우주 탐사 임무에 자동화 기술 적용을 자문하는가 하면 병원용 로봇도 개발했고, 그가 개발한 물건 나르는 로봇 헬프메이트(HelpMate)는 병원에서 널리 이용되었다.

그는 나중에 아이작 아시모프에게 감사 인사를 전하며 자신이 컬럼비아 대학 물리학과 학부생일 때 아시모프가 왕성하게 작품 활동을 한 데에 깊이 감사한다고 전했다. 나중에 엥겔버거의 저서 『산업현장에서의 로봇(Robotics in Practice)』에는 아시모프가 추천사를 붙이기도 했다. "로봇이 인간을 대체하는가? 물론이다. 그러나 로봇이 대체하는 작업은 대개 로봇이 해낼 수 있다는 이유만으로도 존엄한 인간이 할 만한 일이 아니며, 아무 생각 없이 해야 하는 단조롭고 힘든 일이다. 인간은 더 인간답고 보다 좋은 일을 할 수 있고, 또 해야만 한다."

CHAPTER 5: 적자생존

1970 ~ 1998년

로봇이 살아 있는 생물처럼 새로운 재주를 익힐 수 있을까? 1980년대 일부 연구자들은 로봇이 곤충 같은 동물이나 인간을 흉내 낼 수 있다고 믿기 시작했다. 토토(Toto) 같은 로봇은 쥐를 본뜬 단순한 '두뇌'로 주변 환경을 탐색하는 법을 익혔고, 로봇공학자 신시아 브리질은 어린아이 정도의 수준으로 감정에 반응할 수 있는(아이다운 요구도 할 줄 아는) 최초의 '소셜 로봇'을 개발했다.

MIT 대학의 거대한 수조에서는 로봇 참치 찰리가 끝없이 물살을 가르며 헤엄쳤고, 연

구자들은 실제 물고기들이 물살을 뚫고 헤엄치는 원리를 연구(하고 심해 탐사용 로봇을 개발)할 수 있었다.

한편 인간의 특성에 도전하는 로봇도 등장했다. 혼다를 대표하는 로봇 아시모가 최초로 인간처럼 걷는 데 성공하고, 여러 로봇 축구팀이 2050년까지 최고의 인간 축구팀을 이기려는 목표로 달리기 시작했다. 1997년에는 IBM의 벽장만 한 대형 컴퓨터 딥블루가 체스 경기에서 인간을 이기고 인공지능과 인류의 역사에 전환점을 만들었다.

1970년

발명가:
찰스 로젠

발명 분야:
길 찾는 로봇

의의:
로봇이 혼자 힘으로 길을 찾고 장애물을 처리함

셰이키는 어떻게 생각했을까?

셰이키의 길 찾기 방식이 세상을 바꾼 이유

우리는 구글 맵 등 스마트폰마다 들어 있는 지도 덕택에 어디를 가든 별생각 없이 컴퓨터가 알려주는 대로 발걸음을 옮긴다.

그러나 미국 멘로 파크에서 스탠퍼드 연구소(SRI) 기계학습 연구실을 이끄는 찰스 로젠이 1964년 미국 국방성 고등연구계획국에 처음 제안했을 당시는 컴퓨터가 스스로 길을 찾는다는 발상이 혁신적이었다.

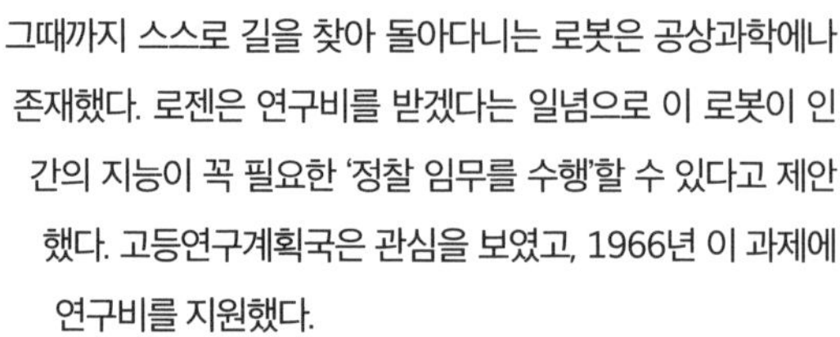

그때까지 스스로 길을 찾아 돌아다니는 로봇은 공상과학에나 존재했다. 로젠은 연구비를 받겠다는 일념으로 이 로봇이 인간의 지능이 꼭 필요한 '정찰 임무를 수행'할 수 있다고 제안했다. 고등연구계획국은 관심을 보였고, 1966년 이 과제에 연구비를 지원했다.

연구팀은 미군이 이 기술을 바탕으로 중국 탱크 수를 세는 로봇을 개발하려 한다고 생각했다. 그런 로봇은 개발되지 않았지만, 이 로봇 셰이키(Shakey, 탑처럼 높이 쌓아 올린 부품과 영상 카메라가 로봇이 움직일 때마다 흔들린다고 붙인 이름)는 우리가 알고 있는 '로봇'에 가까운 첫 번째 기계였다.

오늘날 아시모(127쪽) 같은 로봇이 연예인급 인기를 누리듯 셰이키도 로봇과 인공지능을 둘러싼 사회의 관심에 불을 지피고 대중매체에서도 상징적인 존재가 되었다.

"따스한 캘리포니아 어느 마을의 창문 하나 없는 무균 실험실에서 볼품없는 자동장치 하나가 혼자 힘으로 복잡한 임무를 해내기 위해 힘겹게 걸음마를 하고 있다." 〈뉴욕 타임스〉는 이렇게 보도했다. "엔지니어 '부모님'에 따르면 이 아기는 아직 '아주 멍청한 기계'다. 할 줄 아는 일이

라고는 주변 환경을 간신히 조금 '인식'한 채 장애물이 가득한 연구실을 뚫고 한 지점에서 다른 지점으로 이동하는 것이다." 〈뉴욕 타임스〉가 셰이키를 스스로 배우는 '아기'에 비유했다면 〈라이프〉지는 '최초의 전자 인간'이라고 소개했다.

로봇 개발팀은 셰이키 홍보 영상에서 다음과 같이 설명했다. "우리는 셰이키에게 지능이라고 할 만한 능력을 주고자 합니다. 바로 계획 수립과 학습 같은 능력이죠. 우리는 셰이키를 연구함으로써 앞으로 로봇이 우주 탐사부터 산업 자동화까지 다양한 작업에 쓰이도록 프로그램 설계법을 익히고자 합니다."

빨갛거나 하얀 세상

셰이키는 영상 카메라로 '보고' 고양이 수염 센서(가느다란 안테나 모양의 접촉 감지 센서-옮긴이)로 '느끼고' 벽돌 모양 블록이 흩어져 있어 어린이 놀이시설처럼 생긴 연구실 미로를 혼자 돌아다닐 수 있었다. 셰이키가 보는 세상은 모든 사물이 흰색 아니면 빨강이었다. 흑백만 구별하는 셰이키의 시력에 맞춰 선명하게 보이면서도 레이저 거리 측정기가 작동할 정도의 빛을 반사할 수 있는 설정이었다.

셰이키는 개발자들과 무선으로 통신하고 모터로 바퀴를 굴려 이동했다. 앞을 가로막는 블록을 치울 수 있는 밀대도 장착했다. 셰이키 개발자 중 한 사람인 피터 하트는 셰이키가 한마디로 '바퀴 달린 전자장치 선반'이라고 설명했다.

그러나 셰이키는 주위를 인식하고 계획을 수립할 수 있는 최초의 로봇이었다. 이런 특별한 능력을 발휘할 수 있는 비결은 이 모든 '사고 과정'을 세탁기 크기의 조그만 본체에서 처리하지 않고 본체와 연결된 수십 톤 무게의 PDP-10 컴퓨터에서 센서 데이터를 처리하고 바퀴를 굴리는 모터에 명령을 보냈기 때문이었다.

추측 항법

셰이키는 바퀴의 회전수를 세어 위치를 추측하는 '추측 항법'을 이용해 길을 찾았지만, 추측한 위치를 보완하기 위해 카메라로 자신이 어디 있는지 직접 '보기'도 하며 간단하게 연구실 지도를 만들었다. '구르기', '기울이기' 같은 단순한 명령에 답하고 연구실 안에서 특정한 위치까지 '이동'하라는 명령도 수행할 수 있었다. 텔레타이프(전자기 키보드)로 명령을 전송하면 셰이키는 현재 수행하는 동작을 CRT 화면(과거 브라운관 텔레비전)에 표시했다.

그러나 셰이키의 가장 두드러지는 장점은 예기치 않게 툭 튀어나오는 장애물을 처리하는 능력이었다. 셰이키의 공식 소개 영상에는 급작스러운 장애물을 연출하기 위해 '그렘린 찰리', 즉 망토를 두른 찰스 로젠이 상자로 셰이키의 길을 가로막는다. 그러면 셰이키는 상자를 '보고' 무엇인지 판단한 다음, 계획을 수정해 상자를 빙 돌아 처음의 목표를 향해 터덜터덜 굴러간다. 이런 셰이키의 사고 과정을 화면에서 '볼' 수 있었다.

셰이키에는 계획용 소프트웨어 STRIPS(Stanford Research Institute Problem Solver)가 들어 있어 블록을 밀거나 전등 스위치를 켜는 '임무'를 수행할 수 있었다. "그렘린 찰리가 와서 훼방을 놓으면 STRIPS 소프트웨어가 새로운 계획을 뚝딱 세웠죠." 연구에 참여한 닐스 닐슨이 회고했다. "당시로서는 정말 정교한 프로그램이었어요."

셰이키는 서로 연결된 7개의 방에서 특정한 지점을 찾을 수도 있었다. 연구자들의 지시에 따라 (원래 있던 것이든 그렘린 찰리가 갑자기 놓았든, 앞에 놓인 장애물을 요리조리 피하며) 정해진 상자를 찾고 밀대로 밀어 몇 뭉치로 모아놓기도 했다.

돌고 돌고

그러나 셰이키도 별난 구석이 있었다. "갑자기 하던 일을 멈추고 360도로 빙글빙글 돌곤 했어요." 피터 하트가 설명했다. 처음엔 연구자들도 무슨 일인지 몰라 당황했지만, 코드를 샅샅이 뒤졌더니 전선을 푸는 명령이 있었다. 개발 초기에는 셰이키를 긴 전선에 연결한 상태로 작동했기 때문에 연구팀은 셰이키가 회전하며 돌돌 말린 전선을 스스로 풀도록 프로그래밍했었다.

닐스 닐슨에 따르면 결국, 고등연구계획국은 '이제 로봇은 그만'이라며 과제를 중단해버렸다. 그러나 셰이키의 경로 찾기와 계획 수립 방식은 그 후 50년 동안 비디오 게임부터 화성 탐사 로봇까지 로봇 개발 전반에 영향을 주었다.

셰이키가 선명한 색 블록으로 된 미로에서 길을 찾던 방식은 오늘날에도 자율주행차 소프트웨어 개발에 쓰이며, 우리가 스마트폰 내비게이션에 따라 운전한다면 셰이키에 쓰였던 알고리즘을 지금도 이용하는 것이다.

빌 게이츠도 최근 인터뷰에서 셰이키를 언급했다. "순수한 소프트웨어의 성능을 높이든 물리적인 로봇의 성능을 높이든 소프트웨어의 궁극적 목표는 인공지능이죠. (중략) 1960년대로 거슬러 올라가자면, 그때 스탠퍼드 연구소는 로봇 셰이키를 개발했어요. 그 로봇을 보고 말했던 기억이 나요. '내가 하고 싶은 일이 바로 이거야. 저 로봇을 훨씬 더 좋게 만드는 일.'"

현재 셰이키는 '은퇴'해 미국 캘리포니아 마운틴 뷰의 컴퓨터 역사 박물관에 전시되고 있다.

1987년

발명가:
존 애들러

발명 분야:
방사선 수술

의의:
암 치료 분야에서 로봇이 수많은 생명을 살림

암 치료에 로봇공학이 유용할까?

사이버나이프 방사선 수술

신경외과 의사 존 애들러는 사이버나이프(CyberKnife) 로봇 방사선 수술 시스템 개발에 도전하며 마치 뇌 수술을 집도하듯이 시작했다. 정말 제대로 풀리는 일이 하나도 없었다. 그저 긍정적인 생각으로 무장하고 한 번에 한 발짝씩 떼는 수밖에 없었다. 그러나 사이버나이프 발명은 어떤 뇌 수술보다도 긴 여정이 되었다.

애들러는 자신이 제안한 방사선 수술 로봇 설계안을 스탠퍼드 대학 동료들이 '애들러의 바보짓'이라고 부르며 실패를 장담한다는 사실도 알고 있었다.

그가 벤처 투자자들에게 아이디어를 설명하자 투자자들은 2미터나 되는 크기는 물론 한 대당 350만 달러나 된다는 가격에도 깜짝 놀랐다. "사업적으로 승산이 있거나 의학적으로 더 낫다고 믿어주는 사람은 하나도 없었습니다. 정말 씨도 먹히지 않았지요."

로봇 외과 의사

그러나 훗날 사이버나이프는 수없이 많은 생명을 살리고 일부 분야에서는 암 치료 방법을 근본적으로 바꿔놓았다. 지금은 전 세계 병원에서 이용하는 사이버나이프는 로봇 방사선 수술 시스템으로서 환자의 몸을 실시간으로 촬영하며 방사선을 여러 각도에서 내보냄으로써 치료하기 어려운 종양에까지 방사선을 정확하게 쪼일 수 있다. 로봇 팔에 선형가속기(LINAC, linear accelerator)를 달아 방사선 치료에 쓰이는 고에너지 X-선 또는 광자를 쪼이고, 환자가 숨을 쉬어도 그 움직임에 맞춰 방사선을 필요한 곳에 정확히 쪼인다.

그러나 1987년 당시 애들러가 처음 이런 아이디어를 제안했을 때는 제대로 구현할 기술이 없어 공학적 난관의 연속이었다.

애들러는 1985년 스웨덴으로 연수를 떠나 방사선 수술의 발명가 라스 렉셀 교수가 개발한 감마나이프(Gamma Knife) 기계를 눈여겨보게 되었다. 어쩐지 중세 고문기구를 닮기도 한 감마나이프는 환자의 머리를 금속 고정틀로 둘러싸고 이 틀을 길잡이 삼아 방사선을 내보내는 수술 기계였다.

렉셀도 처음에는 반대에 부딪혔지만, 전통적인 수술 방법이 아닌 대안이 꼭 필요하다고 믿으며 개발을 계속했다. 그는 "외과 의사가 사용하는 도구는 수술의 성격에 맞게 발전해야 하며, 인간의 뇌를 수술하는 도구는 아무리 발전해도 부족하다"고 굳게 믿었다.

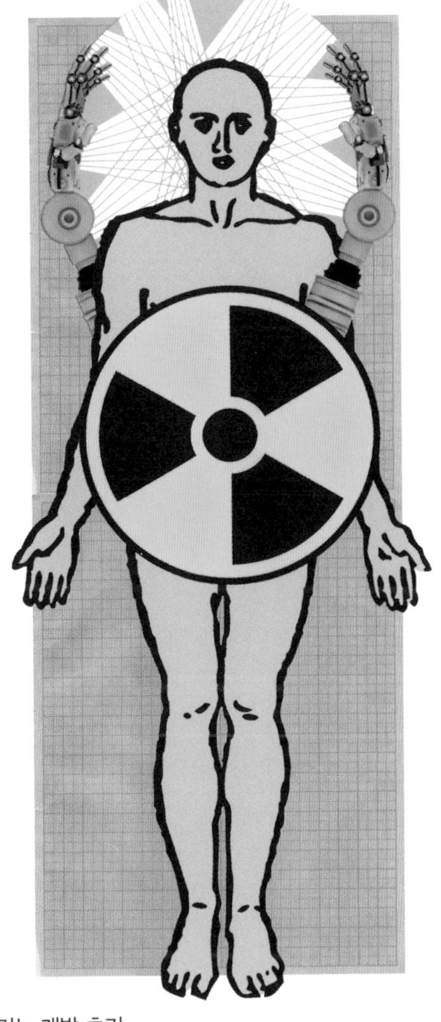

감마나이프는 사용하기에 불편하고 수술 준비에도 시간이 많이 들었다. 하지만 효과가 있었다. 애들러는 감마나이프로 수술한 환자가 흉터도 없이 2일 만에 퇴원하는 모습을 본 뒤, 바로 여기에 미래가 있다는 생각이 들었다. 비록 20년 후에야 상업화되었지만 빠르게 발전하던 로봇 공학 기술을 활용해 감마나이프를 더 발전시키는 아이디어였다.

한 단계 더 도약

애들러가 미국으로 돌아온 뒤 스탠퍼드 대학 공학자들과 함께 개발한 사이버나이프는 고정틀 없이 소프트웨어의 지시를 받아 날렵한 로봇 팔이 환자를 따라 이리저리 움직이며 정확하게 조준해 방사선을 전달하는 방식이었다. 적어도 이론상 그랬다.

초기 시험 결과는 별로 좋지 않았다. 한 번은 사이버나이프로 고령의 여성 뇌종양 환자를 치료했는데 소프트웨어 오류로 수술이 오후 내내 이어졌다. "어느 모로 보나 고정틀이 있는 방사선 수술이 훨씬 간단했을 것이다." 애들러도 인정했다. "그렇지만 우리는 첫 발자국을 떼었다."

환자는 안타깝게도 곧 사망해 MRI로 수술 결과를 추적할 수 없었고 사망 원인도 명확하지 않았다.

개발을 진행할수록 기술적인 걸림돌이 엄청났고, 애들러는 개발 초기 스탠퍼드에 딱 한 대 설치한 기계로 1개월에 환자 한 명씩을 치료하며 개발자들과 오류 수정에 매달렸다.

성장통

애들러가 사이버나이프를 상업화하기 위해 애큐레이(Accuray)를 창업하자, 이 회사도 줄줄이 난관에 부딪혔다. 1994년 성탄 연휴에는 구매를 검토하던 고객이 갑자기 발을 뺐고 이듬해 초에는 자금이 바닥나 직원의 2/3를 내보내야 했다.

1999년 애들러는 직접 CEO로 나섰다. "사람들은 싸우고 회사 꼴이 말이 아니었죠." 그가 당시를 돌아보았다. "돈도 한 푼 없고 직원들은 서로 으르렁거리고 고객들은 우리를 원망했어요. 정말 되는 일이 없었죠." 그러나 그때쯤 미국 식품의약국(FDA)이 뇌종양 치료에 사이버나이프 사용을 승인하고, 곧이어 전신 종양 치료에도 사이버나이프 사용을 승인했다.

애큐레이 고객도 하나둘 늘고 한 번 구매한 고객은 다시 찾아왔으며, 회사는 계속 새로운 시스템을 개발해 전 세계 병원에 판매했다. 오늘날 애들러는 영상유도 방사선 치료(IGRT) 분야를 개척한 공로를 인정받고 있다.

최신 제품인 사이버나이프 S7은 인간 의사의 지시 없이도 환자의 움직임에 실시간으로 맞춰 움직이면서 방사선을 수천 가지 방향에서 1밀리미터 이내의 오차 범위로 정확하게 전달한다.

지금까지 전 세계에서 사이버나이프로 종양을 치료한 환자는 10만 명이 넘는다. 로봇을 수술에 활용하는 사례도 늘고 있으며, 특히 '최소 침습' 요법과 이른바 열쇠 구멍 수술에 로봇을 활용한다. 한편 원격 수술용 로봇을 개발하는 곳도 있어 의사가 다른 대륙에 있는 환자를 수술할 수 있는 시대를 열고 있다.

기계가 스스로 행동을 돌아보고 배울 수 있을까?

토토가 기계 '학습'의 길을 열다

1990년

발명가:
마야 매터릭

발명 분야:
행위기반 로봇공학

의의:
로봇이 생쥐 정도의 두뇌로 길 찾기를 익힐 수 있음

쥐가 머릿속에 지도를 그리듯이 로봇도 제어 시스템으로 주변 환경의 지도를 만들 수 있을까? 로봇공학 분야에서 해본 적 없는 일이었지만 1990년대 초 MIT에서 개발한 로봇 토토는 미로에서 길을 찾는 쥐처럼 스스로 어떤 영역의 '지도를 만들'뿐 아니라 전에 찾았던 지형지물을 다시 찾을 수도 있었다.

로봇공학자 마야 매터릭이 개발한 토토는 제어 시스템이 '다층' 구조로 이루어져 장애물을 피하며 주변을 마구잡이로 돌아다닐 수 있는 '단순한' 명령과 더 상위의 복잡한 명령을 동시에 수행할 수 있다. 무작위로 돌아다니며 음파 탐지기와 나침반으로 주변 환경을 지도로 만들고, 이렇게 만든 지도를 이용해 이미 지나온 장소를 다시 찾아갈 수 있었다(외부 버튼으로 명령 입력 가능). 매터릭은 토토를 '미로를 돌아다니는 쥐의 머릿속'에 비유했다.

행위기반 로봇공학

토토는 MIT 대학의 로드니 브룩스가 주도하는 '행위기반 로봇공학' 연구의 산물이었다(브룩스는 훗날 로봇청소기 룸바를 개발함, 136쪽). 브룩스는 경계선을 따라가거나 장애물이 많은 구역을 피해 다니는 등 단순한 '행위'로 로봇의 동작을 제어하는 행위기반 시스템의 개념을 주창했다. '바텀업(bottom-up)' 로봇공학이라고도 하는 이 방식은 지능이 높지 않아도 빠르게 의사결정을 내릴 수 있는 곤충의 모습에서 착안했다. 행위기반 로봇은 행동을 먼저 하고 생각을 나중에 함으로써 사전에 프로그래밍된 행위나 지능이 별로 없어도 주변을 탐색하고 목표를 이룰 수 있으며, 이 방식을 바탕으로 토토가 길을

찾아다닌 것이다.

토토도 다른 행위기반 로봇처럼 각기 위상이 다른 행위가 층층이 설계되어 있고 (이전에 찾아간 지형지물을 다시 찾아가게 안내하는 등) 상위층 행위가 하위층에 우선할 수 있었다.

미로를 다니는 쥐

이런 다층 구조로 설계한 로봇은 곤충(혹은 토토처럼 쥐)처럼 단순해도 비교적 지능적인 행동을 할 수 있었다.

토토는 이런 구조 덕택에 연구실을 마구잡이로 돌아다니면서도 제법 효과적으로 주변 환경을 지도화할 수 있었다. 토토가 인식하는 '지도'는 각 구역에서 자신이 조금 전 수행한 행위였다.

토토가 장애물을 만나지 않고 직선으로 쭉 갔다면 이를 복도로 표시했고, 벽을 인식했다면 '오른쪽 벽' 또는 '왼쪽 벽'으로 표시했다. 물건이 많은 구역을 돌아다닐 때는 '물건이 많은 구역'으로 표시했다.

토토의 지형지물을 감지하는 제어층이 어떤 지형지물을 알아차리면 이 정보가 전체 지도 행위에 전송되었다. 만약 하나가 일치하면 그 행위가 활성화되었고, 토토는 지도 위에서의 자신의 위치를 파악할 수 있었다. 동시에 지도의 나머지 구역에는 억제 신호를 전송해 한 번에 한 가지 구역만 활성화되고 토토는 자기 위치를 더 확실하게 알 수 있었다.

만약 일치하는 지형지물이 없으면 토토의 제어 시스템은 새로운 구역을 '만들어' 미로 같은 환경을 탐색해 나갔다. 토토는 이 지도를 바탕으로 앞으로 지도상의 어떤 구역이 나올지, 다음엔 어떤 행위가 나올지 예측해 나갔다. 이 예측이 맞으면 지도상의 자기 위치를 더 확실하게 알 수 있었다.

인간에게는 집이나 사무실처럼 매일 접하는 공간에서 자기 위치를 파악하는 일이 매우 쉽다. 하지만 로봇에게는 굉장히 까다로운 일이다.

길 찾아다니기

토토가 현재 위치를 알아볼 수 있으니 과거에 다녀간 지형지물도 다시 찾아갈 수 있었다. 이를 위해 연구자들이 목표를 지정하면 토토의 실제 행위(실제 위치)를 찾을 때까지 인접한 행위에 신호가 간다. 실제 위치를 찾으면 토토는 명령 목록을 뒤져 목표 지점까지 가장 짧은 경로를 뜻하는 가장 짧은 목록을 찾는다.

"토토는 특정한 복도 같은 정해진 지형지물을 찾아가기도 했지만 어떤 조건에 맞는 가장 가까운 지형지물을 찾아갈 수도 있었다." 매터릭은 2007년 저서 『로봇공학 입문(The Robotics Primer)』에서 이렇게 설명했다. "예를 들어 가장 가까운 오른쪽 벽을 찾아야 한다면 토토의 지도에서 오른쪽 벽 지형지물이 전부 신호를 보냈다. 그러면 토토는 그중 가장 짧은 경로를 선택하고, 그 경로를 따라 가장 가까운 오른쪽 벽에 도착했다."

토토의 경로 찾기 방식은 매우 단순해 누군가 토토를 집어 올려 전혀 다른 구역에 놓는다고 해도 최단 경로를 찾아갈 수 있었다. 훨씬 더 복잡한 로봇도 헤맬 만한 어려운 과제였다. 매터릭은 토토가 돌아다니면서 동시에 지도를 '학습'하고 기억하는 방식은 쥐들이 주변 환경을 익히는 방식과 비슷하다고 생각했다. 이러한 행위기반 로봇공학의 발전으로 로봇은 목표 찾아가기 같은 어려운 과제도 복잡한 프로그래밍 없이 완수할 수 있었다.

매터릭은 그 후 노인과 환자를 돕는 소셜 로봇 영역을 개척했고, 행위기반 로봇공학은 1980년대부터 지금까지 로봇청소기 같은 보급용 로봇을 쓸모 있게 발전시킨 일등 공신으로서 지금도 상당히 유용하다.

1990년대

발명가:
신시아 브리질

발명 분야:
소셜 로봇

의의:
로봇이 인간과 유대감을 맺을 수 있음

로봇이 감정을 표현할 수 있을까?

키스멧과 사회적 지능

"아냐, 아냐, 그건 아니지." 어떤 여성이 머리뿐인 로봇을 향해 날카롭게 지적한다. 로봇은 부끄러움이 역력한 모습으로 고개를 푹 떨구고 마치 후회한다는 듯 귀까지 축 늘어진다. 마치 픽사 애니메이션에서 튀어나온 것처럼 생겼지만, 특수효과나 속임수가 아닌 로봇이다.

키스멧(Kismet)이라는 이 로봇 머리는 신시아 브리질의 MIT 연구실에서 설계했다. NASA의 소저너 탐사 로봇 개발팀에서 일하던 브리질은 로봇이 A 지점에서 B 지점까지 갈 방법을 연구하는 대신 사람들이 기계를 맘 편히 대하도록 돕는 로봇을 만들고 싶었고, 앞으로 '소셜 로봇'을 연구하겠다고 마음먹었다.

브리질은 사회성이 있는 로봇이라는 개념을 왜 로봇공학자들이 고민조차 하지 않는지 의문을 품었다. 부모 모두 과학자인 가정에서 성장한 브리질은 어린 시절 감정이 있는 로봇이 나오는 동화를 쓰고 '소셜 로봇'에 관심을 두기 시작했다. 이러한 로봇이 있다면 어떤 모습일까? 그녀는 영화 〈스타워즈〉에 등장하는 R2-D2와 C3-PO를 보고 꿈을 키웠다.

"로봇 주위에는 사람뿐 아니라 동물, 정신, 생각, 믿음, 감정이 있어요. 로봇은 각각에 맞게 상호작용할 수 있어야 해요. 사람들과 무언가를 함께 할 수 있을 정도로 사회적·감정적 지능이 발달한 로봇을 만든다는 것은 어떤 의미일까요?"

친근한 로봇

오늘날 우리는 시리나 알렉사 같은 소셜 로봇과 별생각 없이 대화를 나눈다. 실제 인간이 말하고 행동하는 방식을 그대로 흉내 내는 '봇'은 금융업무부터 피자 주문까지 점점 일상의 일부가 되고 있다. 그러다 보니 우리도 시리 같은 인공지능 비서나 로봇이 감정도 표현하고 인간처럼 자연스러운

말로 대화하리라고 지레짐작해버린다.

그러나 브리질에 따르면 키스멧 전에는 로봇공학자들 사이에 로봇이 우리 생각이나 믿음, 감정에 적절히 반응해야 한다거나 사회적 지능이 필요하다는 공감대가 별로 없었다.

키스멧을 개발하며 브리질과 연구팀은 새로운 방식에 도전했다. 로봇이 사전에 프로그래밍한 대로 움직이지 않고 아기가 부모를 주의 깊게 보고 배우듯 인간을 보고 학습하는 것이다.

키스멧은 인간의 언어를 이해하지는 못해도 말하는 사람의 의도를 해석할 수 있었다. 또 인간의 말을 하지는 못해도 단어 비슷한 옹알이를 했다. 부모가 어린아이를 대하듯 과장된 몸짓을 보여주면 그 몸짓을 학습하고 비슷하게 응답하며 눈앞에 있는 사람의 의도에 반응하는 것이 목표였다.

마치 살아 있는 것처럼

결과는 어느 정도 사회적 지능이 있고, 살아 있는 존재에게 반응하는 듯한 로봇 키스멧이었다. 키스멧은 영상 카메라와 마이크로 세상을 인식하고 머리와 귀, 입술에 달린 모터로 반응했다.

장난감이나 영화 소품을 연상시키는 키스멧의 겉모습은 퍼비 같은 로봇 장난감의 디자인에도 영향을 미쳤다. 그러나 내부에는 최첨단 컴퓨터 하드웨어로 가득했다. 음성 합성과 발화자 의도 인식(말하는 사람의 감정적 의도를 '이해하는' 기능)을 처리하는 시스템에 윈도 PC 두 대와 리눅스 컴퓨터 한 대가 쓰였고, 또 인식과 동기 부여, 동작과 얼굴 움직임을 담당하는 마이크로프로세서 네 대가 있다. 또 시각 처리와 눈, 목 움직임 제어에 네트워크로 연결된 컴퓨터 아홉 대가 따로 필요하다.

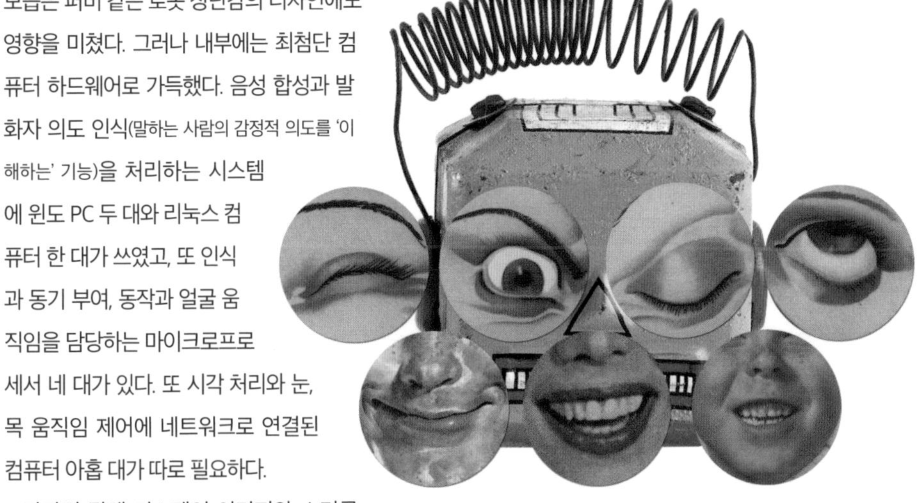

간단히 말해 키스멧이 이미지와 소리를 인식해 반응할 거리(상대방의 어조, 상대방이 자신을 보는지 등)를 찾아 주의 시

스템에 보내면, 주의 시스템은 어디에 관심을 쏟을지 알려준다.

사람의 기척을 감지했을 때 행복감부터 혐오감까지 다양한 감정을 느낄 수 있고, 지루함 같은 반응을 보일 수도 있다. 또 상호작용 상대를 자기 의도대로 '조종'할 수도 있어 상대가 너무 멀어 카메라에 제대로 잡히지 않는다면 가까이 오도록 '부르는' 소리를 낼 수 있었다.

로봇의 욕구

키스멧은 자기만의 욕구도 있는 로봇이었다. 키스멧에 연결된 컴퓨터에서는 세 가지 '충동(사회성, 자극, 피로함)'과 충동에 따른 '요구'를 막대그래프로 표시했다. 외로울 때, 즉 사회적 충동이 높을 때는 사람과의 소통을 찾아 나서고 지루하거나 자극이 필요할 때는 누군가 가져와 달라는 듯 장난감을 뚫어지게 쳐다보았으며, 피곤할 때는 쉬려 했다.

이렇게 해서 머리뿐인 로봇 키스멧은 최첨단 컴퓨터의 힘을 빌려 '직관적으로' 감정을 느끼고 스스로 반응할 줄 알았다. '깜짝 놀랐을' 때는 귀를 쫑긋 세우고 입을 벌렸으며, '싫을' 때는 입을 꽉 앙다물었다. 슬플 때는 귀를 축 늘어뜨리고 만화 속 인물처럼 찡그린 표정을 지었다.

브리질은 이후에도 식이조절 · 운동 코치 등 '소셜' 로봇과 멀리 떨어져 있는 사람을 '끌어안을' 수 있는 '원격' 로봇까지 다양하게 개발했고, 소셜 로봇 기업 지보(Jibo)를 설립하기도 했다.

브리질에 따르면 머지않아 집마다 '소셜 로봇'을 두게 될 것이다. "모바일 컴퓨팅이 발전할수록, 그리고 센서와 프로세서, 무선통신의 가격이 내려갈수록 가정 내 서비스 로봇도 현실로 다가올 것이다. 소셜 로봇은 인간관계를 대체하는 게 아니라 더 보완하고 강화하게 될 것이다."

1993년

발명가:
마이클 트리안타필루

발명 분야:
수중 추진 로봇

의의:
로봇이 동물의 행동을 본떠 빠르고 효율적으로 헤엄칠 수 있음

로봇이 물속에서 헤엄칠 수 있을까?

로봇을 이용해 바다를 탐험하다

인간이 수중 추진 시스템을 설계한다면 1억 6,000만 년 넘는 기간 동안 물에 '딱 맞게' 진화해온 물고기와 경쟁하는 셈이다. 그렇다면 왜 여태껏 아무도 물고기가 헤엄치는 법을 배우려 하지 않았을까? MIT 대학 마이클 트리안타필루 교수의 고민이었다.

MIT 대학에서 처음 개발했을 때 로보튜나(RoboTuna)는 매우 특이한 로봇이었다. 그때까지 물고기의 움직임을 본뜬 로봇을 시도한 사람은 아무도 없었다. 연구팀이 첫 로봇 물고기로 참치를 선택한 이유는 속도 때문이었다. 참치는 엄청난 속도로 파도를 뚫고 헤엄치도록 진화한 동물이며, 특유의 체형 덕분에 어떤 종은 시간당 69킬로미터까지 이동할 수 있었다. 참다랑어는 길이가 3미터까지 자라고 무게는 말보다도 무겁다.

MIT 연구실은 로봇 참치 개발 과정이 오히려 참다랑어의 속도와 움직임을 모방하는 '역(逆)설계'에 가깝다고 설명했다. (거대한 수조에 묶여 개발자들에게 계속 정보를 보내며 헤엄치는) 이 로봇은 찰리라는 애정 어린 이름까지 얻게 되었다.

수상한 물고기 이야기

찰리는 알루미늄 재질의 뼈대에 폴리스티렌 수지로 만든 갈빗대 40개가 붙어 있고 그 위를 그물 형상의 폼과 라이크라로 된 피부로 둘러싸 물속에서 매끄럽게 움직일 수 있었다. 물속에서 움직이는 방법으로는 노, 돛, 프로펠러 등이 아닌 여태껏 인간이 만든 수중 운송수단에는 한 번도 쓰이지 않았던 지느러미를 사용했다.

찰리에는 부품이 3,000개 정도 들었고 2마력짜리 서보모터 6개로 몸을 부풀렸다 움츠렸다 하며 움직였다. 모터는 찰리의 몸속 스테인리스 스틸 케이블로 된 시스템에 연결되어 근육과 힘줄 역할을 했다.

바깥쪽에서는 찰리의 갈빗대에 장착한 압력 센서가 알려주는 외부 상황 정보에 맞게 실시간으로 동작을 조정할 수 있었다. 연구자들은 찰리를 수시로 MIT 대학의 견인 수조(배 등을 매달아 끌며 시험하는 긴 수조-옮긴이)에 넣고 찰리가 헤엄치면서 보내는 정보를 분석해 참치가 헤엄치는 법을 분석했다. 찰리가 보내는 데이터 덕택에 연구자들은 새로운 잠수정 추진 방식을 고안할 수 있었다.

소용돌이의 제왕

연구자들은 물고기가 헤엄칠 때 수중에서 소용돌이를 제어하는 방식이 중요하(면서도 인간이 발명한 운송수단의 추진 방법과는 매우 다르)다는 사실을 발견했다. 참치는 물속 소용돌이를 원하는 대로 제어하고 꼬리를 움직여 스스로 소용돌이를 만들며 움직였다.

트리안타필루는 당시 이렇게 썼다. "현재까지 우리는 수중에서 움직일 때 발생하는 소용돌이를 최소화하는 데 기술력을 집중해왔다. 이런 소용돌이가 빨아들이는 힘 때문에 잠수정이 느려지기 때문이다. 그러나 물고기는 일부러 이런 소용돌이를 만들고 자신에게 유리하게 이용한다. 우리는 로보튜나 개발에 이런 특성을 이용한다. 소용돌이를 만들고 유리하게 제어하려는 것이다."

연구자들은 찰리의 시스템이 계속 '진화'할 수 있도록 일종의 '유전 알고리즘'을 이용해 성능이 좋은 프로그램을 계속 선택해 갔다. 시간이 흐르자 찰리는 소용돌이를 자유자재로 다루고 (비록 MIT 대학 견인 수조에서 기둥에 묶인 채였지만) 실제 참치 같은 순간 속력을 (어느 정도) 재현할 수 있었다.

심해 탐사

연구자들은 찰리의 기술을 이용해 혹독한 환경에서도 작동하는 반응형 잠수정을 만들고자 했다. "해저 열수구를 탐사할 때는 불과 몇 피트 너머도 수온이 섭씨 100도씩 바뀔 때도 있어요." 트리안타필루가 말했다. "그러니 이런 탐사 시스템은 유연해야 하고 예상하지 못한 사태에 재빨리 반응해야 합니다. 현재까지 무인 잠수정(AUV)은 이처럼 위험한 환경에 대응하는 데 필요한 속도나 날렵함이 부족해 예상치 못한 일이 벌어지면 유실될 수밖에 없었지요. (중략) 로보튜나를 이용하면 느리고 무거운 기존 프로펠러

추진 무인 잠수정을 심해 탐사에 보낼 때의 위험 요소를 최소화할 뿐 아니라 지금껏 너무 위험해 탐사하기 어려웠던 지역에도 도전할 수 있을 것입니다."

로보튜나의 혁신적인 성과로 로봇 물고기 개발에 도전하는 연구실이 세계 곳곳에 등장했다. MIT 대학은 강꼬치고기의 급가속 능력을 이해하고 영국 동물학자 제임스 그레이가 1936년 돌고래가 부족한 근육으로 그처럼 빠르게 헤엄치는 이유를 설명한 그레이의 역설을 검증하기 위해 로봇 강꼬치고기를 개발했다. 로봇 참치 찰리가 등장한 후 새로이 개발된 로봇 물고기만 해도 수십 마리였다.

2009년 MIT 대학 연구자들은 새로운 로봇 물고기를 발표했다. 길이는 로보튜나보다 훨씬 짧은 13~46센티미터에 연질 플라스틱으로 만들어 오랜 시간 물에 완전히 잠겨 있어도 부식되지 않는 로봇이었다.

부품 수도 로보튜나는 수천 개였지만 새 로봇은 고작 10개였고, 제작 비용도 몇백 달러로 매우 저렴해 여러 기업이 수중 측정과 감시용으로 관심을 보였다. 이 정도로 가격이 낮으면 바닷가 항구나 만에서 수백 대씩 물속에 넣고 측정에 이용할 수 있다는 계산이었다.

바다생물이 사람만 보면 놀라 도망가니 바다생물의 눈에 띄지 않게 수중생물의 자연스러운 모습을 관찰하는 데도 이런 로봇 물고기가 유용할 수 있다. 어느 MIT 연구팀이 만든 부드러운 재질의 로봇 물고기는 피지의 산호초에서 들키지 않고 실제 물고기와 어울려 헤엄을 치기도 했다.

1997년

발명가:
키타노 히로아키 외

발명 분야:
로봇 대회

의의:
2050년에는 로봇 축구팀이 최고의 인간 축구팀을 이길 수도 있음

누가 축구를 더 잘할까?

로보컵의 목표는 골

2050년에는 로봇 축구팀이 지구상 최고의 축구팀을 상대로 이길 것이고, 기계가 인간을 능가한(체스처럼, 119쪽) 종목에 축구를 추가할 수도 있다. 적어도 이론상은 그렇다.

로봇 축구대회 로보컵(RoboCup)의 공식 목표는 "21세기 중반이 되면 완전히 스스로 움직이는 휴머노이드 로봇 축구팀이 공식 FIFA 경기 규칙에 따라 최근 월드컵 우승팀과 겨뤄 승리할 것"이다.

1990년대 초부터 로봇 전문가들은 로봇공학 발전에 도움이 될 만한 '도전 과제'로 인간과 겨룰 만한 로봇 축구팀 개발이 어떤지 제안해왔다. 당시 로봇이 팀을 이뤄 최고의 선수를 이기기는커녕 축구 경기장 안을 제대로 돌아다니는 일부터 얼마나 어려웠는지 생각했을 때 과연 굉장히 원대해 보이는 목표였다. 처음에는 일본 내에서만 기획했지만 전 세계의 관심이 뜨거워 다른 나라에도 참가 자격이 주어졌고, 이렇게 로보컵이 탄생했다.

골을 향해 조준

로보컵이 처음 열렸을 때만 해도 경기장 안에 서 있는 로봇 '선수'들이 최정상 축구팀을 상대하는 모습을 상상하기조차 어려웠다. 로봇 선수들은 수비수를 제치거나 골을 향해 공을 차는 것은 고사하고 공을 건드리는 일조차 힘겨웠다.

로봇 강아지 아이보 개발에 참여한 소니의 키타노 히로아키 등 여러 로봇 전문가가 1997년 처음 개최한 이 로보컵에서는 로봇과 인공지능 전문가 여러 팀이 일본 나고야에 모여 (로봇의 크기와 성능에 따라) 리그별로 두뇌 싸움을 벌였다. 같은 해 5월 IBM 딥블루가 가리 카스파로프를 상대로 체스 경기에 승리한 사건도 이 대회 참가에 관심이 높아진 이유 중 하나였다 (119쪽).

경기 규칙은 단순하다. 로봇이 인간의 조종 없이 완전히 스스로 동작해야 하며, 경기 시작 휘슬을 부는 순간부터 인간이 전혀 개입해서는 안 된다. 키타노는 첫 로보컵 대회를 회상하며 로봇 두 팀이 잔디에 올라서서 센서로 경기장을 내다보며 미세하게 움직이던 장면을 떠올렸다. 기자 한 명이 다가와 경기가 언제 시작하는지 물었다. "이미 5분 전에 시작했는걸요!" 키타노가 답했다.

경기장 안에서 자기 위치를 파악하고 다음 행동을 정하는 데만 몇 분씩 걸린 것이었다. 또 초기 어느 경기에서는 여러 팀 중 한 팀만이 공을 건드리는 데 성공해 '승리'했다.

경기장을 누비는 강아지

로봇 기술이 발달하면서 로보컵에도 잠시 아이보 강아지 전용 리그를 운영했고, 곧 '4족 보행' 리그가 신설되었다. 그러나 매년 꾸준히 개최하다 보니 어떤 리그는 인간의 축구 경기와 제법 비슷해지기도 했다.

최근 몇 년 사이에는 나오(Nao) 휴머노이드 로봇 200대가량이 로보컵에 출전해 (비록 수없이 많이 넘어졌지만) 공을 패스할 뿐 아니라 슛을 막아내기도 했다. 나오 로봇은 모든 참가팀이 같은 로봇을 써야 하는 표준 플랫폼 리그에서 경쟁한다.

외부인의 시선으로는 로보컵이 괴짜들의 취미 활동처럼 보이겠지만 여기서 로봇공학 분야의 혁신적인 발명이 이루어지기도 했다. 로보컵의 열성 팬이자 회장인 로봇공학 교수 피터 스톤은 인공지능 분야의 각종 과제를 종합적으로 해결해야 하는 곳으로서 더욱 의미 있는 대회라고 설명한다. "여기서는 로봇이 빨리 걷기만 해서는 안 돼요. 안정적으로 공을 찾고, 그 공이 경기장 어디에 있는지 알아내고, 같은 팀 동료들과 협동하지 못한다면 쓸모없지요."

구조 로봇

구조용 로봇 중 로보컵에서 데뷔한 것도 많고(골을 넣기 위해 협력하는 로봇과 건물 잔해 속에서 생존자를 찾아내기 위해 협력하는 로봇은 통하는 구석이 있다) 이제는 (로보컵 하위 리그인) 로보컵 구조 로봇 리그에서 여러 로봇이 수색과 구조 과제를 수행하며 경쟁을 벌인다.

로보컵은 개발비만 수억 달러씩 들던 로봇을 실제로 상용화하는 데도 일조했다. 창업가 믹 마운츠가 창고용 자동화 로봇을 개발하는 스타트업 창업을 준비하며 이동형 로봇 전문가가 필요했을 때 그는 로봇공학 전문가이자 로보컵 열성팬 라파엘로 단드레아를 찾았다. 이들이 함께 개발한 키바(Kiva) 로봇은 기존 물류창고에서 쓰던 컨베이어 벨트나 지게차, 인간이 직접 선반에서 물건을 찾는 수작업보다 훨씬 효율적이었다. 그들이 세운 키바시스템스는 2012년 아마존이 7억 7,500만 달러에 인수했고 현재는 아마존 물류창고에서 키바 로봇 20만 대가 운행 중이다.

비록 코로나19의 여파로 2020년 로보컵은 취소되었지만, 최근에는 로봇의 성능이 크게 좋아져 휴머노이드 리그 우승팀이 인간 선수들과 시범경기를 벌이기도 했다. 아직 우승한 적은 없지만 앞으로 30년이나 남았으니 초조해할 필요는 없다.

1997년

컴퓨터는 어떻게 체스 경기에 승리했을까?

딥블루가 지능에 관해 한 수 가르치다

발명가:
슈펑슝과 머레이 캠벨

발명 분야:
인공지능

의의:
딥블루가 가리 카스파로프를 이겨 세계 최고의 체스 선수 자리에 오름

1997년 전 세계가 지켜보는 가운데 러시아의 체스 그랜드마스터 가리 카스파로프가 IBM의 딥블루 체스용 컴퓨터와 경기를 벌였다. 높이 180센티미터에 무게는 1.4톤, 내부는 컴퓨터 프로세서 수백 개가 든 이 거대한 기계는 이 경기에서 세계 최고의 체스 선수를 상대로 승리했다. 여섯 경기 중 마지막 경기에서 카스파로프는 분노로 양팔을 번쩍 치켜든 뒤 쿵쾅거리며 퇴장해버렸다. 기권이었다.

인간과 기계의 역사적인 대결이었다. 기껏해야 무승부 정도를 기대했던 딥블루 개발자들도 막상 카스파로프를 이기니 깜짝 놀랐다. 다른 전문가들도 기계가 인간 선수를 이기는 데는 훨씬 더 오랜 시간이 걸릴 것이라고 예상한 터였다.

카스파로프는 IBM의 반칙을 주장했다. 경기에서 일부 딥블루의 수가 영락없는 인간 그랜드마스터의 솜씨라는 이유였다.

그러나 딥블루의 승리가 역사적인 의미만 있는 것은 아니었다. 이 승리를 발판삼아 인공지능으로 대량의 정보를 분석하는 다양한 기술이 출현하기 시작했다. 그에 따라 금융부터 의학, 스마트폰 앱까지 생활 전반이 크게 달라졌다.

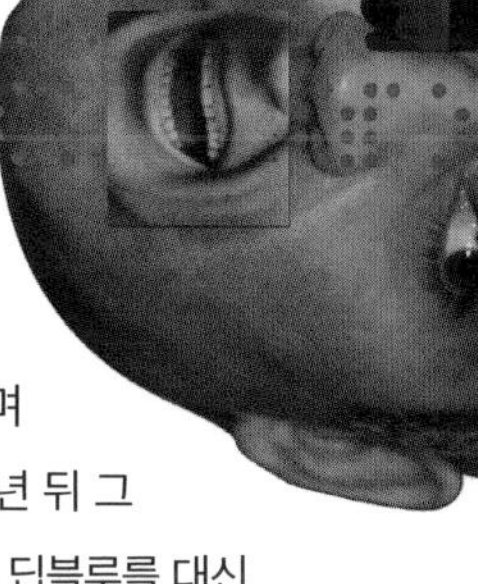

'분수령'

카스파로프는 1985년 불과 22세에 최연소 기록을 세우며 세계 체스 챔피언에 오른 선수였다. 챔피언에 오른 후 10년 뒤 그는 두 번이나 딥블루와 대결을 벌였다. 딥블루 개발자이자 딥블루를 대신해 체스 말을 움직이는 IBM 엔지니어 슈펑슝과 마주 앉아 경기를 펼치는 식이었다.

첫 대결인 1996년 카스파로프는 여섯 경기 중 첫 경기에서 졌다. 컴퓨터가 시간 제한이 있는 체스 토너먼트에서 처음으로 현 챔피언을 이긴 사건으로 훗날 그가 '분수령'이라고 설명한 순간이었다. 카스파로프는 이 대결에서 4:2로 (2승 3무 1패) 승리했다.

그러나 1년 뒤 1997년 5월 11일 뉴욕에서 열린 후속 경기에서는 딥블루가 2승 3무 1패로 카스파로프를 이겼다. 카스파로프는 컴퓨터의 로그 파일 공개를 요구하고 재대결을 원했지만, IBM은 딥블루를 해체하고 체스 경기 출전을 중단했다. 나중에 IBM이 공개한 로그 파일에는 '기계 안에 숨은 사람' 흔적은 없었다. 인공지능 연구의 미래를 결정하는 중요한 순간이었다.

기계의 눈부신 발전

1940년대 후반 컴퓨터 시대가 열릴 때부터 연구자들은 체스에서 인간을 능가하는 컴퓨터 개발에 열을 올렸다. 체스는 경기 규칙이 명확해 기계의 '지능'적 재주를 시험해볼 수 있는 이상적인 환경이었다.

체스 경기용 계산기는 1970년대에 처음 등장했고, 각 대학에서는 점점 더 강력한 기계를 제작해 최고의 체스 선수와 대결을 벌였다.

딥블루 개발팀은 10년 이상을 체스 경기용 컴퓨터 개발에 매진한 팀으로서, 특히 슈펑슝은 이미 카네기멜런 대학에서 칩테스트(ChipTest)라는 체스 경기용 컴퓨터를 개발했었다. 1989년 슈펑슝과 동급생 머레이 캠벨은 IBM 연구소에 입사해 여러 팀과 경쟁하며 세계에서 가장 강력한 체스 컴퓨터 개발에 도전했다.

딥블루 개발팀은 체스 그랜드마스터들을 모집해 컴퓨터의 '연습 상대'로 활용하고, 인간 선수들이 할 만한 오프닝을 컴퓨터에 사전 프로그래밍하는 데 도움을 받았다. 그러나 40수 앞까지 내다보며 수백만 가지의 위치를 분석할 수 있는 연산 능력이야말로 딥블루가 지닌 '초능력'이었다. 딥블루에는 컴퓨터 체스 전용으로 설계한 프로세서 30개에 칩 480개가 내장되어 있었다. 그중 액셀러레이터 칩은 가능한 결과를 분석해 가장 좋은 수를 선택하는 데 도움을 주었다.

무작위 대입법

인간이 체스를 둘 때는 직관을 사용하고 규칙을 인식한다. 반면 기계는 연산 능력을 동원해 수백만 가지 경우의 수를 뒤져 가장 좋은 수를 찾는다. 카스파로프와의 첫 대결을 마치고 두 번째 대결이 시작될 때까지 그사이 시간 동안 딥블루의 처리 능력은 두 배로 늘었다. 1997년 카스파로프가 체스판을 두고 딥블루와 마주 앉았을 때 딥블루는 지구상에서 259번째로 강력한 슈퍼컴퓨터가 되어 있었다.

이 '새로운' 딥블루 컴퓨터는 1초에 2억 가지 체스 판세를 분석할 수 있었다. 컴퓨터가 오로지 추측 능력에 기대어 문제를 해결하는 방식으로 '무작위 대입법'이라고 부른다. 딥블루와 경기를 벌였던 그랜드마스터들이 '마치 벽이 좁혀 들어오는 듯했다'고 표현할 정도였다.

딥블루의 승리를 시작으로 비슷한 방식의 슈퍼컴퓨터가 많이 출현해 금융과 의학 분야에서 대량의 데이터를 분석하는 일, HIV 치료제 등 신약을 개발할 때 더 승산 있는 분자를 뽑아내는 일 등에 많이 쓰였다. 오늘날에는 컴퓨터로 대량의 정보를 빠르게 분석해 규칙성을 찾는 '빅데이터'가 세계의 금융 시스템부터 데이팅 앱과 인터넷 쇼핑의 기반이 되고 있다.

오랜 세월 인간 체스 선수와 컴퓨터 간 '군비 경쟁'을 벌이는 동안 인간과 컴퓨터의 문제 해결 방식이 매우 다르다는 사실도 드러났다. 딥블루 개발자 머레이 캠벨은 이 과정에서 개발팀이 배운 내용을 회고하며 카스파로프의 직관과 딥블루의 무작위 대입법이 다르듯 복잡한 문제에도 해결 방식이 다양하다는 사실을 깨달았다고 말했다. 그는 인간과 컴퓨터가 함께 일할 때 가장 강력한 힘을 발휘할 수 있다고 덧붙였다. 일례로 의학 분야에서는 인공지능 시스템이 환자 데이터에서 규칙성을 찾아내면 의사가 진단과 치료를 맡는다.

딥블루는 현재 워싱턴 D.C.의 스미스소니언 협회에 전시되어 있고 요즘은 평범한 스마트폰이나 PC 앱도 딥블루보다 체스를 잘 둔다. 카스파로프는 딥블루와 세기의 대결 이후 인공지능에 관해 활발하게 기고했으며, 지금은 지능이 필요한 분야는 어디든 기계가 승리하는 것이 '시간 문제'라고 주장하고 있다.

CHAPTER 6: 가정용 로봇

1999 ~ 2011년

2000년 이전에는 대체로 과학 연구실이나 기술박람회 무대 위, 혹은 로봇 팔 수천 대가 늘어서 지칠 줄 모르고 작업하는 대형 공장 정도에서나 로봇을 접할 수 있었다. 그러나 2000년대에 들어서며 소니의 로봇 강아지 아이보의 등장으로 '로봇 반려동물' 개념이 생기고 단순한 기술을 적용한 로봇청소기 룸바가 수백만 대씩 팔리며 로봇은 우리의 삶(과 가정)에 빠르게 침투해 들어왔다.

한편 캘리포니아의 어느 출발선에는 자동차 수십 대가 모여 운전자도 없고 인간의 개

입도 없이 경주를 벌였다. 이 경주 현장의 파편과 화염 속에서 자율주행차라는 새로운 산업이 탄생했다.

일본에서는 신체기능을 강화해주는 외골격 로봇을 처음 개발해 신체기능이 마비된 사람들에게 움직이는 능력을 되찾아주었고 NASA의 로봇이 태양계를 탐험하는가 하면 화성 탐사 로봇 오퍼튜니티(Opportunity)호가 모래 폭풍으로 교신이 끊기고 '사망' 발표가 나자 전 세계인이 애도하기도 했다.

1999년

발명가:
도이 토시타다와 후지타 마사히로

발명 분야:
로봇 반려동물

의의:
로봇은 훌륭한 (하지만 값비싼) 반려동물임

로봇이 반려동물을 대신할 수 있을까?

우리가 아이보를 사랑한 이유

일본에서는 전국 사찰에서 아이보 반려 로봇을 위한 장례식만 수백 번 열렸다. 승려들이 전통 의복을 입고 염불하며 눈이 반짝반짝 (적어도 생전에는) 빛나던 플라스틱 기계의 영혼을 위해 기도했다. 아이보 출시 20년 후, 팬들은 여전히 자신의 로봇 강아지를 끔찍이 아낀다. 미국의 어느 반려인은 아이보 24대를 키우고, 다른 반려인은 맞춤 의상을 입히는가 하면 아이보가 우울증 극복에 (혹은 실제 강아지를 잃은 슬픔에서 회복하는 데) 얼마나 도움을 많이 주었는지 증언하기도 한다.

아이보는 1999년, 소니에서 세계 최초의 가정용 엔터테인먼트 로봇이라는 수식어를 붙여 출시했다. 소니의 워크맨이나 플레이스테이션처럼 새로운 산업을 개척하는 제품이 되리라는 희망도 있었다. 아이보는 출시부터 전 세계를 떠들썩하게 하며 한 대당 2,000달러 가격표를 달고도 첫 생산분 3,000대가 20분 만에 전부 팔리기도 했다.

네발 달린 친구

아이보는 출시하자마자 주문만 13만 5,000건씩 받으며 열성 팬층을 형성했다. 원래 로봇공학 분야를 탐색하기 위한 연구과제로 생각했던 소니는 이 정도 인기를 예상하지 못하고 겨우 1만 대를 생산한 터였다.

이 똑똑한 강아지는 시대를 앞선 첨단 제품이었다. 소니는 아이보가 어느 분류에도 속하지 않은 특별한 전자제품이라고 홍보하며 아이보 전용 웹사이트에서만 판매하고 아이보 주인들과도 긴밀하게 소통했다. 소니는 아이보 설명글에서 "아이보 ERS-110은 외부 자극에 반응하기도 하고 스스로 판단해 움직이기도 하는 로봇입니다. 아이보는 다양한 감정을 표현하고, 지속적으로 학습하며 성장하고, 인간과 소통하며 가정에 완전히 새로운 즐거움을 선물할 것입니다"라고 홍보했다.

이름도 일본어로 '동무'를 뜻하면서 영어로 AI와 bot을 의미하는 아이보는 가장 정교하고 세련된 소비자용 로봇이었다. 이 로봇은 주인의 행동을 보고 '학습'했고, 쓰다듬어 주면 반응했으며, LED 눈으로 감정을 표현할 수 있었다. 온몸에 센서를 달았고 카메라와 거리측정계로 사물을 감지해 피해 다녔으며 촉감, 가속, 속도 센서로 움직임을 추적했다. 첫 모델에는 아이보의 상징이 된 분홍색 공이 들어 있어 아이보가 눈으로 공을 감지하면서 쫓아다닐 수 있었고 후속 모델에는 분홍색 플라스틱 뼈다귀(아이본)가 들어 있었다.

사용자는 아이보 머리에 메모리 스틱을 삽입해 소프트웨어로 아이보를 제어할 수도 있었다. 로봇 프로그래머들은 아이보를 위한 DIY 커뮤니티도 결성했고 과학자들도 이런 사용자 모임에 관심이 많았다. 성능도 우수해 로봇들의 월드컵인 로보컵 팬들은 아이보끼리 팀을 꾸린 로봇 강아지 축구라는 진기한 광경을 5년이나 볼 수 있었다(117쪽).

아이보 장례식

아이보의 개발자 도이 토시타다 박사(CD의 발명에 참여하기도 함)는 미래에는 한 가정에서 로봇 반려동물을 여러 마리씩 키울 수도 있으며, 로봇 반려동물 시장 규모도 개인용 컴퓨터 시장만큼 커질 것이라고 전망했다.

그러나 2006년, 소니의 새 CEO 하워드 스트링어가 대규모 정리해고를 선언하고 아이보 과제를 중단시키자 도이 토시타다도 아이보의 장례식을

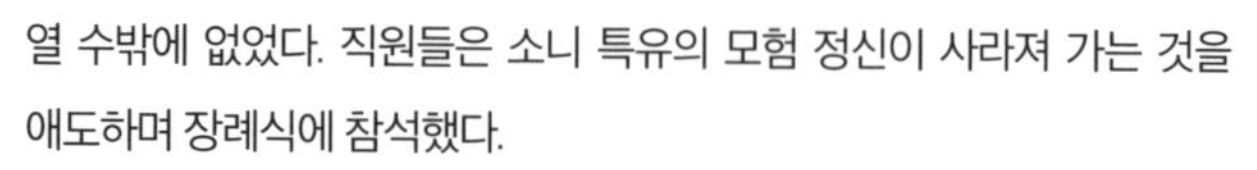

열 수밖에 없었다. 직원들은 소니 특유의 모험 정신이 사라져 가는 것을 애도하며 장례식에 참석했다.

아이보는 여러 면에서 대담무쌍한 강아지이긴 했다. '생김새'부터 성적인 분위기를 물씬 풍기는 '섹시 로봇' 연작과 영화 〈메트로폴리스〉의 기계인간을 기념하는 예술 작품(67쪽)으로 유명한 일러스트레이터이자 디자이너 소라야마 하지메 작품이었다.

완벽한 개라고?

아이보는 소니 안에서도 철통 보안 연구실에서 비밀리에 진행한 과제로, 이때 처음 개발한 기술은 후대 '엔터테인먼트 로봇'이나 '로봇 반려동물' 발전의 핵심이 되기도 했다. 도이 토시타다와 인공지능 전문가 후지타 마사히로는 사용자들이 아이보와 친밀하게 상호작용할 수 있도록 당시에는 별로 검증되지 않은 음성인식 기술 등을 과감하게 도입했다. 또 아이보를 '완벽'하게 보이기보다는 기계가 아닌 살아 있는 생물을 대하는 느낌이 들도록 아이보의 행동을 복잡하고 예측하기 어렵게 설계했다.

후지타는 아이보의 기술을 설명하는 논문에서 다음과 같이 설명했다. "반려동물형 로봇 개발의 가장 중요한 과제는 로봇이 살아 있다는 느낌을 주는 것이다."

소니가 2006년 아이보의 '은퇴'를 발표하자 팬들은 거세게 항의했다. 2018년에 소니가 재출시한 신형 아이보는 부품 400개가 작동하며 실제 강아지와 더욱 비슷하게 행동하고 주인의 움직임을 따라 시선을 옮길 수도 있었다.

또 나이 든 개는 새로운 재주를 배우기 어렵다는 속담을 비웃기라도 하듯 아이보는 상대의 움직임을 학습해 따라 하거나 주인을 보고 배우며 성장해 강아지에서 개로 '자라는' 데 3년까지 걸린다. 그러나 변함없는 것 한 가지가 있다. 신형 아이보는 숨이 턱 막힐 만큼 비싼 2,900달러라는 가격표를 달고 출시되었다. 첫 모델부터 최신 모델까지 남다른 혈통을 자랑하는 로봇이다.

2000년

발명가:
시게미 사토시

발명 분야:
보행 로봇

의의:
로봇이 인간처럼 걷기는 극도로 어려움

로봇이 두 발을 딛고 설 수 있을까?

로봇 아시모가 대통령과 축구공을 차다

SF에 등장하는 로봇 1세대는 대부분 인간과 비슷하게 걷는 2족 보행 휴머노이드였다. 영화에서는 현실적인 이유로 로봇 의상을 입은 인간 배우가 로봇을 연기하기도 했지만(《메트로폴리스》에서처럼, 67쪽) 한편 대중적 SF 소설과 만화에서도 '금속 인간'은 친숙한 이미지였다.

그러나 로봇공학이 이야기의 세계에서 현실 세계로 오면서 한 가지는 분명해졌다. 인간처럼 걷는 기계를 만들기는 로봇 개발의 난제 중 가장 어려운 과제였다는 것이다. 우리 인간은 균형감각을 타고난 데다 여러 감각을 동원해 몸을 제어하고, 끊임없이 학습하며 움직인다. 로봇은 이 중 어느 하나도 갖추지 못했다. 스스로 충전하는 존스 홉킨스 비스트나 휘청휘청 길을 찾는 셰이키 등 전(前) 로봇과 가장 초기 이동형 로봇은 두툼하고 땅딸막한 모양에 바퀴로 이동했다.

10년의 여정

1986년, 혼다 개발자들은 2족 보행 로봇을 개발하겠다는 목표를 세웠다. 그 뒤 10년이라는 세월 동안 여러 시제품을 거쳐 1996년 P2 로봇이 휘청휘청 무대에 올랐고, 이 로봇의 후손이 세계적인 명사가 된 아시모다. 혼다는 2족 보행을 할 수 있는 관절 모양과 동작을 설계하기 위해 인간의 걷는 방식뿐 아니라 동물의 걷는 방식까지 연구했다.

혼다의 첫 세대 휴머노이드 로봇은 한 번에 다리 하나씩을 들며 느릿느릿 거북이 걸음을 했다. P2 세대에 오자 (외모와 안정성을 개선하기 위해) 로봇에 머리와 팔이 달렸고 우주비행사 장비처럼 생긴 배낭에 배터리를 넣었다(로봇은 걸을 때 어마어마한 전력이 든다).

이듬해 발표한 P3는 1.8미터를 넘겼던 이전 모델과 달리 1.5미터를 살짝 넘는 작은 키에 조금 더 날렵하게 움직일 수 있었다. 그리고 2000년에 발표한 아시모는 전선 없이 스스로 걸을 뿐 아니라 계단까지 오르며 휴머노이드 로봇 연구의 정점을 찍었다.

"일본에서는 로봇의 감정 수준이 중요합니다." 개발자 시게미 사토시가 설명했다. "어쩌면 우리 만화에 로봇 등장인물과 영웅이 많이 등장하기 때문인지도 몰라요. 로봇을 긍정적으로 보는 정서죠. 로봇이 인간과 공존하려면 이런 특성을 갖춰야 한다고 생각합니다."

아시모는 최초의 로봇 유명인사가 되었고, 오바마 대통령 앞에서 축구공을 차 보였을 때 오바마는 '너무 살아 있는 것 같아'서 '약간 무섭다'라고 반응하기도 했다. 2006년에는 대표적인 재주인 계단 오르기에 실패해 계단에서 떨어지자 뉴스에 대문짝만하게 보도되기도 했다.

우주인처럼 걷다

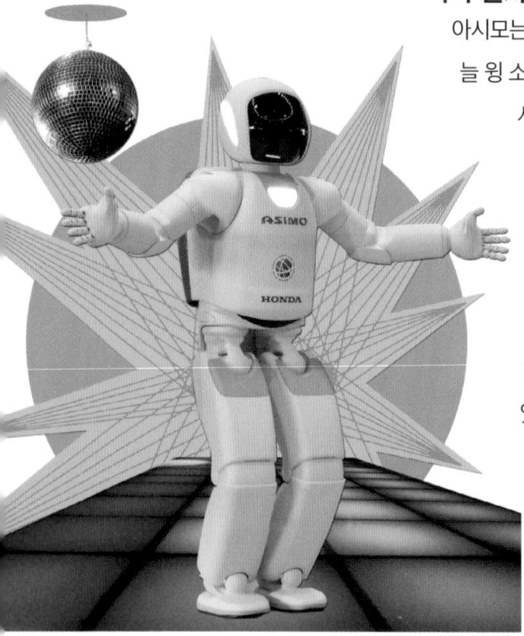

아시모는 CPU의 과열을 막기 위해 냉각 시스템이 항상 작동해 늘 윙 소리가 났다. 이전 세대 로봇부터 배낭은 그저 우주비행사처럼 보이기 위한 소품이 아니라 완충까지 3시간 걸리는 6킬로그램 무게의 리튬 이온 배터리가 들어 있었다.

아시모는 기술박람회의 자리를 빛내는 단골손님이 되었고 혼다는 아시모에게 계속해서 새로운 재주를 가르쳤다. 머지않아 아시모는 걷는 데 그치지 않고 시속 7킬로미터 속도로 달리기까지 할 수 있었다. 한 발로 뛰기도 하고 춤 솜씨를 뽐내기도 했다. 손에 있는 센서로 음료를 집어 올리고 사람을 감지해 피해 다니는 시스템으로 음료를 들고 사람 사이를 지나다닐 수 있었다.

그냥 인형일 뿐?

혼다는 아시모가 언젠가 가정 내에서 인간과 함께 지내는 비서가 되기를 바랐다. 시게미 사토시는 아시모의 목표가 '집안일을 조금씩 돕기 시작하는 초등학생'이라고 설명하기도 했다.

그러나 이런 비전을 제시하는 시게미조차도 가정마다 휴머노이드 로봇을 두게 되기까지는 한참 멀었다고 이야기했다. 아시모도 아직은 인형보다 조금 나은 수준이어서 기술박람회 무대에서 선보이는 재주도 무대 밖에 선 인간의 지시를 따르는 것이었다. 혼다가 아시모를 박물관 안내자로 실제 직업현장에 투입하자 아시모는 관람객 질문에 답하기조차 힘겨워했다. 손을 드는 사람과 스마트폰을 들어 올리는 사람을 구별하지 못한 탓이었다.

혼다는 결국 아시모를 상업화하지는 않았고 아시모는 2018년 '은퇴'했다. 그러나 혼다는 그동안 아시모를 개발하며 축적한 기술을 자사의 자동차와 로봇 관련 상품에 적용할 수 있었다고 한다.

아시모의 기술력을 바탕으로 혼다는 보행이 어려운 사람을 보조하는 경쟁 제품 HAL 로봇과 비슷한 외골격 로봇을 선보이기도 했다. 2018년에는 CES(Consumer Electronic Show)에서 로봇 여러 대를 발표하기도 했다. 흥미롭게도 이때는 다리 달린 로봇은 하나도 없이 모두 바퀴 달린 수레 형상이었지만 그중 혼다 3E-B18은 경사를 오르내릴 때도 몸을 꼿꼿이 세울 수 있는 휠체어였다.

아시모의 등장 이후 2족 보행 로봇 개발이 줄을 이었고, 그중 보스턴 다이내믹스의 아틀라스(Atlas)는 (터미네이터 같은 으스스한 생김새부터) 빠르게 달리고 멀리뛰기도 하는 위력까지 여러모로 예사롭지 않은 로봇이었다.

한편 2족 보행 로봇 개발 동향도 달라져 인간처럼 걸으려 하기보다 보행에 다르게 접근하기도 한다. 오레곤 대학에서는 화식조(Cassowary)를 본떠 새의 보행을 모방한 로봇 캐시(Cassie)를 개발하는 등 새로운 시도도 이어지고 있다.

2001년

발명가:
제너럴 아토믹스

발명 분야:
군용 로봇

의의:
전쟁에서 로봇이 핵심 무기가 됨

로봇이 방아쇠를 당겨도 될까?

MQ-9 리퍼 드론이 전쟁을 혁신하다

로봇의 손에 죽음을 맞은 첫 인간은 1979년 1월 25일 산업용 로봇 팔에 깔려 죽은 미국 포드 공장 노동자 로버트 윌리엄스였다. 그러나 로봇공학 분야의 가장 큰 투자자가 각국 군대 조직인 오늘날에는 '자동 무기 시스템' 혹은 살상용 로봇에 대한 우려의 목소리가 커지고 있다. 비록 각종 전쟁에서 드론 같은 로봇 항공기가 살상에 동원되었어도 지금까지 '방아쇠를 당기는' 주체는 인간이었다. 그러나 전문가들은 머지않아 불법 정부나 테러리스트 집단이 완전히 자율화된 살상 무기를 사용할 수도 있다고 걱정하고 있다.

늘어나는 근심

2017년 테슬라와 스페이스X 창업주 일론 머스크 등 기술계 리더들은 UN에 공동서한을 보내 과거 UN 무기협약에서 화학무기와 눈을 멀게 하는 레이저 사용을 금지한 것처럼 자동 살상 무기 개발을 금지하는 법 제정을 촉구했다. 이들은 화약과 핵무기가 전쟁의 1, 2차 혁명을 촉진했듯 자동무기로 '전쟁의 3차 혁명'이 밀려올 것이라고 경고했다. 이들은 완전 자동무기라는 '판도라의 상자'가 한 번 열리면 다시 닫기 어려울 것이라고 경고했다. "치명적인 자동무기를 개발한 순간부터 군사적 갈등의 규모도 지금까지와는 차원이 다르게 커질 것이고, 진행 속도도 인간이 이해할 수 있는 것보다 빠를 것이다. 이런 무기는 한 번 개발되면 테러를 위한 무기로 둔갑할 수 있어 폭군과 테러리스트가 무고한 민간인을 공격하거나 해킹을 통해 아군의 무기도 엉뚱하게 사용할 수 있다."

살상 로봇

지난 20년 동안 조종사 없이 수천 킬로미터씩 비행하며 명령에 맞춰 레이저 유도 미사일을 발사하는 무인 '드론'의 공격에 (민간인을 포함해) 수많은 사람이 목숨을 잃었다. 지금은 이런 드론을 숙련된 전투조종사가 원격조종하지만, 이미 드론은 이착륙과 공격 목표물 '선택'까지 스스로 할 수 있다. 게다가 미국 공군은 2020년 시연에서 목표물을 자동으로 탐지하고 분류해 계속 추적하기까지 하는 인공지능 목표물 분석 컴퓨터 애자일 콘돌(Agile Condor)을 MQ-9 리퍼(Reaper) 드론에 장착해 시험했다. 제조사 제너럴 아토믹스는 이 시연으로 미래 무인 시스템 발전에 중요한 발판을 놓았다고 발표했다.

전쟁의 미래?

MQ-9 리퍼는 지난 수십 년 동안 전 세계 무인 항공기 연구 성과를 집대성한 현재 가장 유명한 무인 드론으로서 미국과 영국, 이탈리아 공군에서 사용하고 있다. 실제로 미군은 이미 베트남 전쟁부터 무인 정찰기를 대대적으로 사용해왔고 미군 고위 관계자들은 이런 무인 정찰기 덕택에 전투기 조종사의 죽음을 막을 수 있었다고 말하고 있다. MQ-9 리퍼는 고성능 정찰 드론이면서 무장도 갖췄다. 1994년부터 운용한 프레데터(Predator) 드론의 진화한 형태로서 훨씬 빠르고 높이 비행하며 1,770킬로미터 정도 반경을 다닐 수 있다. 한 장소에 27시간까지 머물면서 그 지역 영상을 실시간으로 전송할 수도 있고 목표물을 향해 헬파이어(Hellfire) 미사일을 발사할 수도 있다.

'살상 로봇'이라는 머스크와 동지들의 걱정과 달리 현재는 전투기 조종사 두 명 이상이 지상에서 원격으로 조종하고 '발사' 결정은 항상 인간이 한다. 그러나 전문가들은 숙련된 전투기 조종사를 투입하는 데는 비용이 많이 들어 각 정부가 비용을 절감하기 위해 드론의 자율성을 더욱 높이려는 유혹을 느낄 것이라고 경고한다. 살상 결정을 내리는 권한도 예외는 아니라는 주장이다.

충성스러운 호위기 로열 윙맨

2021년 보잉은 유인 항공기 곁을 지키며 보조할 수 있는 11.6미터 길이의 무인 호위기 로열 윙맨(Loyal

Wingman)의 실제 크기 시제품을 발표했다. 보잉은 이 호위기가 비행 반경 3,700킬로미터에 전투기와 비슷한 기능을 하지만 조종사가 탑승하지 않는 무인기라고 설명했다.

이미 인공지능을 이용해 드론 공격을 펼친 군대도 여럿이다. UN 보고서에 따르면 리비아 군부는 '조작자와 무기 사이에 데이터 통신 없이도 목표물을 공격할 수 있게 프로그래밍한 살상용 자율 무기 시스템'을 이용했다. 드론 기술은 값싸고 구현이 쉬워 부유한 국가만의 전유물이 아니다. 또 원격조종으로 여러 대가 마치 곤충 떼처럼 한꺼번에 공격하는 '드론 집단 공격'의 위험도 있다. UN에 보낸 2017년 공동서한이 가장 엄중하게 경고한 내용으로서, 인공지능 무기는 누구든 쉽게 만들어 쓸 수 있다는 사실이었다. 공동서한은 다음과 같이 경고한다. "강대국 중 누구라도 인공지능 무기 개발을 추진하면 인공지능 군비 경쟁을 피할 수 없다. 이런 기술 경쟁의 끝은 뻔하다. 자동무기는 미래의 칼라시니코프(소련의 미하일 칼라시니코프가 개발한 자동소총으로 값싸고 성능이 우수해 빠르게 대량 보급되었고, 인류 역사상 가장 많은 사람을 죽인 살상 무기-옮긴이)가 될 것이다."

민달팽이는 왜 로봇을 무서워할까?

자동화 로봇은 미끌미끌한 음식을 좋아해

2001년

발명가:
이안 켈리, 오웬 홀랜드, 크리스 멜휘시

발명 분야:
자동화 로봇

의의:
슬러그봇은 민달팽이를 찾고 잡기까지는 했지만, 동력으로 전환하지는 못함

2001년 이안 켈리와 오웬 홀랜드, 크리스 멜휘시는 스스로 식량을 사냥한 뒤 그 식량을 섭취하고 소화해 동력이 될 만한 에너지를 생성할 수 있는 로봇을 개발하러 나섰다. 그때까지 로봇 시스템은 아무리 첨단이라 해도 어떤 형태든 인간의 개입이 필요했다. 전력이나 정보를 공급하고 언제 무엇을 할지 지시하는 것도 모두 인간의 몫이었다. 완전히 자율화된 로봇을 개발한다면 로봇공학과 인공지능 관점에서 큰 걸음일 터였다.

로봇의 소화

살아 있는 생물에게는 자연스럽고 본능에 가까운 행동도 인공적인 시스템에 그대로 재현하기는 무척 어렵다. 동물은 허기지면 먹는다. 식량을 찾는 일은 동물의 성장에 중요한 과제이고 찾은 식량을 어떻게 소화할지 생각할 필요도 없다. 슬러그봇(SlugBot)은 이런 행위를 로봇에 그대로 재현하려는 시도였다. 로봇이 완전한 자율화를 이루려면 두 가지 특성이 있어야 했다. 하나는 스스로 연료를 찾아 에너지로 전환하는 특성이었고, 다른 하나는 스스로 결정해 실행하는 특성이었다.

세 연구자는 로봇의 연료로 민달팽이를 꼽았다. 주변에서 흔히 구할 수 있고, 유해 동물이며, 상대적으로 소화하기 쉬운 데다가 느리게 움직여 잡기 쉬운 식량이었다. 이들이 설계한 로봇은 무산소 발효를 거쳐 민달팽이를 바이오 가스로 분해했고, 이 가스는 원통형 고체 산화물 연료전지를 통과하며 전기를 생성했다.

로봇에 발효 기술을 탑재하면 몸집이 무거워져 민달팽이가 많이 서식하는 부드러운 땅 위를 다니기 어려워진다는 문제가 있었다. 그래서 연구팀은 로봇을 두 부분으로 나누었고, 작고 가벼운 로봇이 민달팽이를 사냥해 발효장치로 실어 나르면 발효장치에서 전기로 전환해 로봇이 여기서 충전

하고 다시 민달팽이 사냥에 나설 수 있었다. 로봇 한 대가 잡아들이는 민달팽이 양으로는 로봇과 발효장치에 전력을 충분히 공급하기 어려워 전체 시스템은 여러 마리가 먹이를 수집해 둥지로 나르고 둥지에서 먹이를 처리하는 사회적 곤충 집단의 행태를 본떠 발효장치 한 대당 로봇 여러 대를 두었다.

민달팽이 사냥

로봇은 이동할 수 있는 작은 몸통에 길고 가느다란 팔이 달렸고, 팔 한쪽 끝에는 민달팽이를 감지하는 센서와 잡는 집게가 있었다. 에너지 효율을 최대로 높인 이 작은 로봇은 중앙의 한 지점으로 이동해 주변 구역을 수색했다. 로봇의 팔은 몸통 바깥쪽으로 나선 모양을 그리며 빙글빙글 돌아 나갔다. 민달팽이를 감지하면 집게가 잡아서 몸통에 있는 저장소에 넣고, 다시 민달팽이를 잡았던 위치에서 수색을 이어 나간다. 그 구역을 전부 뒤진 다음에는 새로운 위치로 이동해 처음부터 다시 시작했다. 몸통 내부 저장소가 가득 차면 로봇은 발효장치로 이동해 저장소를 비우고 필요하면 전기를 충전한 뒤 다시 사냥에 나섰다.

기술적 어려움

연구자들은 로봇이 민달팽이를 쉽게 찾을 수 있도록 적색 필터를 활용했고, 이 필터 덕에 식물과 흙은 어둡게 보이고 민달팽이는 붉은빛을 반사해 눈에 확 띄었다. 또 필터의 역치를 설정해 에너지를 충분히 내지 못하는 작은 민달팽이는 걸러낼 수 있었다. 로봇에 장애물 회피 기능과 발효장치를 찾는 기능도 필요했으므로 연구팀은 정밀 GPS와 적외선 위치추적 시스템을 결합해 이런 기능을 설계했다.

의사결정

로봇 개발의 가장 어려운 부분은 로봇이 여러 후보 중 바로 다음에 할 행위를 선택하는 의사결정 기능이었다. 우선 민달팽이를 잡아 모으고 충전하고 센서를 청소하는 것 등 로봇이 스스로 계속 작동하기 위해 수행할 수 있는 일은 다양했다. 반면 그중 무엇을 할지 실제 생명체가 의사결정을 내리는 원리는 아직 완전히 밝혀지지 않았고 재현도 불가능해 보였다. 연구팀은 대신 동기 부여와 동작 선택만 있는 단순한 모델을 구현했다. 슬러그봇은 상황에 맞게 수행할 수 있는 동작을 모두 나열해 각각의 유익성 수치를 계산했고, 그중 가장 유익한 동작을 수행했다. 많은 양을 한꺼번에 계산해야 했지만, 마이크로프로세서 성능이 좋아 이런 계산도 매우 빨리 수행할 수 있었다.

슬러그봇이 현장 시험에 나섰을 때는 어렵지 않게 민달팽이를 감지하고 잡을 수 있었다. 그러나 바이오 가스를 주 연료로 하는 전력 시스템의 효율이 떨어져 슬러그봇에게 필요한 전력을 모두 조달할 수 없었다. 그러나 슬러그봇이 길을 터준 덕택에 스스로 연료를 찾아 소화할 수 있는 로봇 개발이 시작되었다.

2002년

발명가:
콜린 앵글, 헬렌 그라이너, 로드니 브룩스

발명 분야:
가정용 로봇

의의:
값싸고 기능적인 로봇이 집안일을 대신할 수 있음

로봇이 집안일을 대신할 수 있을까?

누구나 사용할 수 있는 단순하고 효율적인 로봇청소기

로봇회사 아이로봇(iRobot)은 소비자들이 어떤 로봇 진공청소기를 바라는지 알아보기 위해 포커스 그룹 조사를 했다. 그전까지 대중의 상상 속 로봇청소기는 여성 모습의 로봇이 터미네이터처럼 똑바로 선 채 진공청소기를 미는 모습이었다.

그러나 포커스 그룹 조사에 참여한 사람 중 특히 여성은 청소기를 미는 터미네이터가 집 안에 있으면 마음이 편치 않다고 했고, 영원히 남의 집 바닥만 청소해야 하는 로봇 하인은 상상만 해도 끔찍하다고 했다.

멋있는 로봇?

아이로봇이 개발한 청소기 룸바(Roomba)는 휴머노이드가 아니었다. 동그란 하키 퍽 모양을 한 룸바는 역사상 상업적으로 가장 크게 성공한 가정용 로봇이 되었다.

아이로봇의 창업자 중 헬렌 그라이너는 홍보용 잔재주꾼 로봇이나 '멋있으려는' 로봇에 골몰하는 로봇회사들을 날카롭게 비판했다. 그라이너는 영화 〈스타워즈〉에 등장하는 드로이드 R2-D2를 보고 로봇공학자가 되기로 마음먹었고, 로봇을 개발할 때 형태가 아닌 기능에 초점을 맞춰야 한다고 생각했다.

그라이너는 가정에서 로봇을 일상적으로 사용하려면 로봇도 컴퓨터처럼 실용적이고 튼튼하며 저렴해야 한다고 주장했다. 소비자들이 룸바에 지갑을 열려면 무조건 실용적이어야 한다는 생각이었다. 룸바의 첫 프로토타입은 모두 그라이너의 침대 밑을 돌아다니며 첫발을 뗐다.

그라이너의 꿈은 '애플이 컴퓨터를 누구나 사용할 수 있는 제품으로 만들었듯이' 아이로봇도 로봇을 누구나 사용할 수 있게 만드는 것이었다. 그라이너가 1990년 MIT 대학 졸업 동기 콜린 앵글과 토토 공동 개발자(107쪽) 로드니 브룩스와 함께 창업한 아이로봇은 NASA의 탐사 로봇과 미군용 기술도 개발한 로봇공학의 선두기업이었다.

아이로봇이 개발한 로봇들은 이집트 기자 피라미드의 숨은 방을 탐사하며 수천 년 동안 아무도 들어가본 적 없는 비밀의 방을 광섬유 케이블로 들여다보기도 했고, 팩봇(Packbot) 로봇은 아프가니스탄에서 군인들 곁을 지키며 건물 안에 투입돼 위험 지역을 조사하기도 했다.

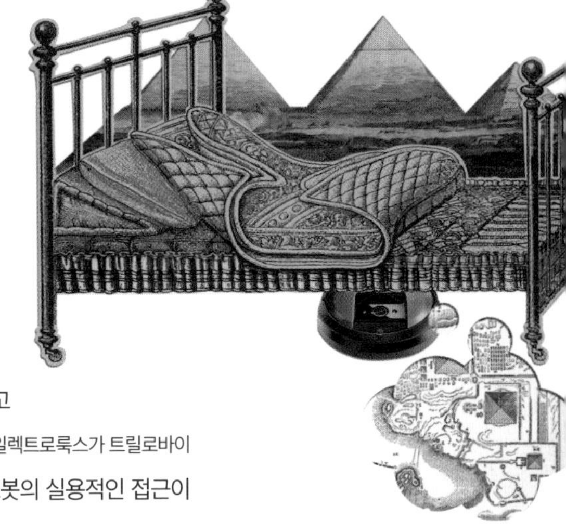

그러나 룸바가 20년 동안 3,000만 대나 팔릴 정도로 크게 성공한 것은 단순함 때문이었다. '후버(Hoover)'가 진공청소기의 대명사가 된 것처럼 '룸바'는 로봇 진공청소기의 대명사가 되었다.

아이로봇은 후버와 다이슨을 포함해 규모도 크고 역사도 긴 청소기 회사들과 경쟁하는 (그리고 실제로 일렉트로룩스가 트릴로바이트 청소기로 시장 출시는 앞섰지만) 입장이었지만 아이로봇의 실용적인 접근이 성과를 거둔 것이다.

단순한 기술

룸바에는 값비싼 길 찾기 소프트웨어도 쓰이지 않았고 현재 있는 방의 지도를 그리지도 않았다. 룸바의 '뇌'는 벽에 부딪혔을 때 알려주는 범퍼와 계단에서 굴러떨어지지 않게 막는 센서였다.

별일이 없는 한 룸바는 아무 방향으로나 무작위로 움직였다. 로드니 브룩스는 곤충이 이 방 저 방 돌아다니는 모습을 보고 아이디어를 얻어 룸바 소프트웨어를 설계했다고 설명했다. 곤충은 계획이나 예측 없이 먹이를 찾고 위험을 피하는 단순한 규칙에 따라 다닐 뿐이었다. 브룩스는 그 순간부터 복잡한 소프트웨어 개발을 멈추고 단순한 '규칙'을 정의했다.

룸바의 방 설정에서 '작은방', '중간 방', '큰방' 중 하나를 고르면 룸바는 15분, 30분, 45분 동안 (원래 지뢰밭 지뢰 제거용 로봇에 썼던 소프트웨어의 지시로) 무작위로 이동하며 청소했다. 경쟁사 제품(룸바 후속 모델도)은 방의 지도를 그리는 기능을 담았지만 2002년 룸바를 처음 출시할 당시에는 지도를 그리려면 훨씬 복잡한 기계가 되고 말았다.

청소를 시작하면 바닥을 아무렇게나 헤매고 돌아다니다가 벽을 만나면 벽을 끼고 이동했다. 가끔은 나선형으로 방을 빙글빙글 돌아 건너기도 하고 직진하기도 했다. 컴퓨터공학자들이 '랜덤 워크(random walk)'라고 부르는 경로였다.

어쨌든 이 단순한 이동 방식이 효과가 있었고 본체에 내장된 충전지로 한 번 충전하면 중간 크기 방을 2개까지 청소할 수 있었다. 무엇보다 아이로봇이 간단한 기술을 적용한 덕택에 룸바는 사치품이 아닌 생활가전이 되어 미국에서 200달러 미만 가격에 출시할 수 있었고, 낮은 가격 덕택에 경쟁 제품을 누르고 훨씬 많이 팔렸다.

단순하게 가자

그라이너에 따르면 아이로봇 회사 전체가 공학 분야의 단골 구호 '단순 제일(KISS, Keep it simple, stupid)'을 따랐다. "물론 다들 집에 로봇이 하나쯤 있었으면 하고 바라죠. 그렇지만 소비자는 로봇이라기보다 가전제품으로 청소기를 사는 거예요. 인간보다 깨끗하게, 더 효율적으로 청소해야 살 만하죠." 그러나 홍보를 위한 잔재주는 사절이라는 아이로봇의 노력에도 불구하고 룸바 구매자 중 2/3는 이 청소기에 이름까지 붙였다고 말했다.

지금은 '룸바'의 가장 기본 모델도 카메라와 무선 인터넷을 탑재해 청소할 공간의 지도를 그릴 수 있고, 어떤 모델은 로봇 걸레와 나란히 다니며 함께 청소할 수도 있다. 로봇청소기 시장은 2020년까지 110억 달러 규모로 성장했고 2030년까지 더 성장하리라는 전망이다.

룸바의 가장 최신 모델은 먼지통도 스스로 비워(배터리를 충전하는 동안 먼지통을 충전기에 꽂아) 주인의 일을 더욱 덜어주고 있다. 또 아마존 알렉사나 구글의 음성 명령도 따를 수 있어 "알렉사, 룸바에게 식당 청소를 시켜줘" 같은 지시에 마치 로봇 하인처럼 능숙하게 청소할 수 있다. 그러나 아무리 최신 모델이어도 진공청소기를 미는 인간의 모습은 아니다.

로봇이 얼마나 갈 수 있을까?

화성 탐사 로봇 오퍼튜니티가 선물한 기회

2003년

발명가:
스티브 스퀴레스

발명 분야:
탐사 로봇

의의:
로봇이 행성을 탐사하고 인간에게 감동을 줄 수 있음

2018년, 지구에서 수억 킬로미터씩 떨어진 곳에 있던 기계의 '죽음'을 전 세계가 애도했다. 화성 탐사 로봇 오퍼튜니티가 모래 폭풍에 사라지기 직전 보낸 메시지 때문이었다. "배터리가 부족합니다. 점점 어두워지네요."

과학 전문기자 제이콥 마골리스가 보도한 뒤 '오피'의 이야기는 잔잔한 파문을 일으키며 퍼져 나갔고 트위터에는 눈물이 다 났다는 이야기도 올라왔다. 세계적인 스타의 죽음을 애도하는 것과 별반 다르지 않았다. "편안히 잠들렴, 네 임무는 이제 끝났다." NASA가 공식 트윗을 올렸다. "90일이었던 탐사 계획을 15년으로 만들어준 로봇, 너는 일생일대의 기회(Opportunity)였단다."

마지막 교신

오퍼튜니티의 마지막 메시지를 받은 뒤 NASA의 제트추진연구소(JPL)는 교신을 위해 1,000번이 넘게 시도했지만, 회신을 받지 못했다. 예상한 것보다 훨씬 오래 살아남은 기계라는 명성에 걸맞게 오퍼튜니티가 영원히 잠든 곳도 불굴의 의지를 뜻하는 퍼서비어런스 계곡이었다. 이곳을 탐사하던 중 거대한 모래 폭풍이 불어 충전용 태양광 패널을 가리자 '생존'에 필요한 전기를 생산할 수 없게 된 것이다.

카네기멜런 대학 컴퓨터공학자들이 오퍼튜니티의 사망 소식 후 소셜미디어에 쏟아진 '애도' 메시지의 어휘를 분석했더니 사용자들이 로봇을 '너'라고 지칭하는 등 사람의 죽음을 애도하는 것과 비슷했다. 로봇을 의인화하는 심리는 전혀 새로운 현상이 아니다(룸바 로봇청소기 소유자 중 청소기에 이름을 붙인 사람이 2/3나 된다. 138쪽). 그러나 '오피'를 향해 물밀듯 쏟아지는 애도 행렬은 우리 인간이 실제 로봇을 어떻게 대하는지 엿볼 수 있는 절호의 기회였다.

지구와의 교신

오퍼튜니티는 쌍둥이 탐사 로봇 스피릿과 함께 2004년 화성에 착륙했다. 3개월 정도를 예상한 탐사 임무였다. 조종팀이 로봇에 컴퓨터 코드를 전송하면 로봇을 '운전'할 수 있었고 (지구와 화성의 거리 때문에 20분 정도 지연이 있었다) 어려운 경로는 지구에 둔 시험용 로봇으로 미리 계획할 수 있었다.

화성의 하루인 솔(Sol)은 지구보다 40분 길다. 화성의 시간과 지구의 시간이 점점 어긋나면서 조종팀은 화성의 시간에 '맞춰' 일할 수 있도록 사무실에 암막 커튼을 달기도 했다. 스피릿은 3년, 오퍼튜니티는 15년을 부지런히 탐사하며 귀중한 정보를 전송했다. 오퍼튜니티는 화성 표면에서 물이 흘렀던 흔적을 발견했고 과학자들은 화성이 과거에 더 따뜻하고 습했으며 어쩌면 생명체가 살았을지도 모른다고 추정했다.

오퍼튜니티는 탐사 중 농구공만 한 운석도 발견했다. 지구 아닌 다른 행성에서 발견한 최초의 운석이었다. 오퍼튜니티의 열차폐막 근처에서 발견해 '열차폐막석(Heat Shield Rock)'이라는 별칭이 붙은 이 운석은 주성분이 철과 니켈로 다른 행성의 파편으로 추정되었다. 오퍼튜니티는 계속 화성 표면을 탐사하며 비슷한 운석을 5개 더 발견했다.

인간이 화성에 발을 딛기까지

오퍼튜니티의 탐사 덕분에 연구팀은 화성의 환경에 관한 데이터를 많이 수집할 수 있었고 유인 탐사의 길을 열 수 있었다. NASA의 짐 브라이든스타인 국장은 다음과 같이 말했다. "오퍼튜니티처럼 선구적인 탐사 임무 덕택에 언젠가 용감한 우리 우주비행사도 화성 표면을 걸을 수 있을 것이다. 그날이 오면 오퍼튜니티 연구팀은 물론, 모두의 예상을 뛰어넘어 수많은 업적을 이룬 이 작은 탐사 로봇 오퍼튜니티도 화성에 첫 발자국을 함께 딛는 것이다."

오퍼튜니티는 예상 수명을 60배나 넘어섰을 뿐 아니라 퍼서비어런스 계곡에서 운행을 멈출 때까지 45킬로미터 넘는 거리를 이동했다.

골프 카트만 한 탐사 로봇이 화성에서 그처럼 오래 견딘 이유는 오히려 화성의 혹독한 환경 덕택이었다. 처음에 NASA는 스피릿과 오퍼튜니티의 태양광 충전 패널에 화성 공기 중의 먼지가 앉으면서 탐사 로봇이 충전 능력을 서서히 잃어 갈 것이라고 예상했다. 그러나 화성의 강한 바람이 오히려 태양광 패널 위에 앉은 먼지를 깨끗이 날려버려 오퍼튜니티도 화성의 혹독한 겨울을 몇 번이고 견뎌낼 수 있었다.

(2003년 당시) 4억 달러의 예산을 들인 대규모 탐사였기에 오퍼튜니티는 대단한 기술로 무장하고 있었다. 오퍼튜니티에 장착한 배터리는 NASA가 '태양계에서 가장 좋은 배터리'라고 할 정도였고, 충전과 방전을 5,000번 반복했음에도 모래 폭풍을 만나 연락이 끊겼을 당시 어떤 스마트폰 배터리도 넘볼 수 없는 85% 용량을 자랑했다.

오퍼튜니티의 뒤를 이어 2014년과 2020년에 (훨씬 큰) 탐사 로봇 큐리오시티(Curiosity)와 퍼서비어런스(Perseverance)를 파견할 때는 오퍼튜니티의 경험이 한몫했다. 두 탐사 로봇 모두 모래 폭풍에도 '끄떡없도록' 원자력을 동력으로 한다.

(로봇 헬리콥터를 탑재한) 퍼서비어런스는 고대 미생물의 흔적을 찾고 유인 탐사의 발판을 마련할 각종 실험을 수행할 예정이다. NASA는 2030년대까지 화성에 인간을 보낼 수 있기를 바라고 있다.

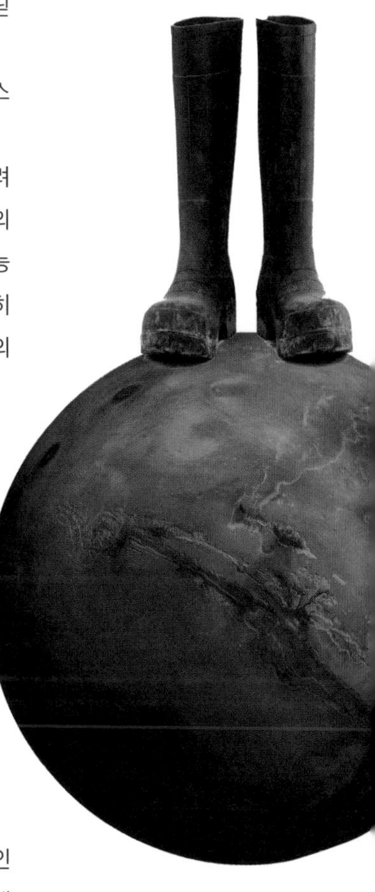

2005년

발명가:
세바스찬 스런

발명 분야:
자율주행차

의의:
로봇이 산길과 흙길을 혼자 다닐 수 있음

자동차는 어떻게 스스로 운전할까?

DARPA 그랜드 챌린지에서 자율주행차가 탄생하다

제1회 DARPA 그랜드 챌린지는 1960년대 만화영화 〈골 때리는 경주(Wacky Races)〉에 나오는 난장판 대회에 비유하는 사람도 많았다. 인간이 운전대를 잡은 경주는 비교가 안 될 정도로 어수선한 대회이긴 했다. 2004년, 프로와 아마추어 손으로 만든 크고 작은 자동차가 운전자도 없이 출발선을 나섰다. 미국 캘리포니아 사막 바스토 근처 228킬로미터를 완주해 100만 달러의 상금을 거머쥐기 위해서였다. 완주한 차는 단 한 대도 없었다.

어떤 차는 콘크리트 벽을 정면으로 들이받았다. 불에 탄 차도 있었다. 가장 멀리 간 차는 불과 11킬로미터를 이동한 뒤 바위틈에 끼어버렸다. 대회를 창시한 호세 네그론은 이 경주가 왜 이렇게 어렵냐는 질문에 이렇게 답했다. "그러니까 그랜드 챌린지(엄청난 도전-옮긴이)죠!"

참담한 실패

네그론이 소속된 국방고등연구계획국은 미국 국방성 소속 기관으로 인터넷과 스텔스 항공기, GPS, 셰이키 같은 로봇 연구를 지원한 기관이었다.

미군의 목표는 군인을 보호하기 위한 자율주행차 개발이었다. DARPA 그랜드 챌린지는 일부러 불가능에 가까운 목표를 세워 미국 최고 대학의 전문가와 아마추어팀에 경쟁을 붙였다.

대회 이전에도 자율주행차는 계속 발전해왔다. 1995년에는 메르세데스 승합차가 카메라 센서와 컴퓨터 장비를 잔뜩 싣고 독일 남부 뮌헨에서 덴마크 오덴세까지 1,678킬로미터 거리를 최대 시속 185킬로미터까지 달리는가 하면 중간중간 완전히 자율주행하며 완주한 적도 있었다. 자동차가 실수하면 언제든지 직접 운전할 수 있도록 개발자들이 앞 좌석에 탑승했다. 그러나 DARPA 그랜드 챌린지는 인간의 개입이 금지된 데다 경주 경로도 대회 직전까지 비밀에 부쳤고, 25개 팀이 출발선에 서기 전 국방고

등연구계획국 관계자들이 경로를 CD-ROM에 담아 나눠주었다. 경로를 미리 알 수 없으니 소프트웨어로 계획을 세우거나 연습을 할 수도 없었다. 바위산 길과 흙길이 섞인 험난한 길이었다.

빈 운전석

인간의 개입은 완전히 금지되었고 출발선에서 차를 작동하는 것도 국방고등연구계획국 관계자였다. 참가팀은 모두 출발선에 선 로봇을 한 번 보고 결승선에서 다시 볼 수 있는 행운을 빌었다.

(일반 자동차를 개조하고 배터리와 센서로 무장한) 참가 차량 중 228킬로미터 경로를 완주한 차는 단 한 대도 없었다. 그러나 이 대회를 계기로 열정 넘치는 아마추어와 학자, 로봇광이 한데 모였고, 이들 중 다수가 자율주행차 산업의 기틀을 닦는 주역이 되었다.

국방고등연구계획국은 이듬해에도 대회를 열겠다고 공지했다. 이번에는 5개 팀이 완주에 성공했고 그중 4개 팀은 제한 시간인 10시간 안에 경주를 마치는 성과를 보였다. 가장 먼저 들어온 차는 스탠퍼드 대학 팀이 폭스바겐 투아렉을 개조한 스탠리(Stanley)로서 투아렉의 속도를 높이고 앞쪽 범퍼와 스키드 플레이트(비포장도로 주행 시 엔진을 보호하는 판-옮긴이)를 보강한 차였다.

지붕 위의 머리

차 윗부분에는 스탠리가 길을 '볼' 수 있도록 선반을 만들어 25미터 '앞'까지 내다보는 레이저 거리 측정기와 장거리 시야를 위한 RGB 카메라, 탐지거리 200미터 정도의 전파 센서, 항공 GPS 등 센서 수십 개를 달았다. 짐칸에 실은 펜티엄 PC 다섯 대가 모든 정보를 처리해 경로를 정했다.

스탠리는 사막에서 여러 달 연습에 연습을 거듭했다. 기계학습 알고리즘으로 학습을 이어 가며 점점 영리하게 경로를 유지하면서도 끊임없이 장애물을 감지하고 길을 찾았다.

스탠퍼드 대학은 첫해에는 참가하지 못했고 우승 후보도 아니었다. 처음부터 줄곧 경쟁자인 카네기멜런 대학의 거대한 빨간 허머보다 많이 뒤처져 달리다가 160킬로미터 지점을 지나면서부터 앞질렀다. 우승한 스탠퍼드 팀은 국방고등연구계획국이 내건 상금 100만 달러를 챙겨 갔다.

"우리 팀을 라이트 형제에 비유한 사람도 있어요." 스탠퍼드 팀의 지도교수 세바스찬 스런이 말했다. "그렇지만 저는 우리 팀이 찰스 린드버그가 아닐까 합니다. 더 잘생겼으니까요."

이 대회에서 처음 선보인 각종 기술은 앞으로 자동차산업을 완전히 바꿀 것이다. 아직 완전 자율주행차는 상업적으로 허용되지 않았지만 (적응형 크루즈 컨트롤과 차선 유지 등) 이제 자율주행 소프트웨어는 고급 자동차라면 당연히 갖추는 기능이 되었다.

15년 이내에 자율주행차산업 규모는 580억 달러까지 성장할 것이며 자율주행차는 인간이 운전하는 차보다 더 안전해질 것이다. 스런은 이후 구글로 자리를 옮겨 극비 조직 구글 X 랩을 이끌고 구글의 자율주행차 웨이모(Waymo)를 개발했다. 그는 자율주행차가 지상뿐 아니라 하늘까지 점령하는 날이 곧 온다고 이야기한다. "아마 지상에서보다 공중에서 자율운행이 더 빨리 실현될 거예요. 충돌 위험이 없으니까요." 그가 2021년에 말했다. "이미 장거리 비행에서 공중에 뜬 시간 중 99퍼센트는 자동 항법장치를 켜고 운항하잖아요."

로봇이 걸음을 도울 수 있을까?

우리의 삶을 바꾸는 놀라운 HAL 외골격 로봇

2011년

발명가:
산카이 요시유키

발명 분야:
보행 보조 로봇

의의:
로봇 다리로 걸음을 되찾을 수 있음

HAL의 발명 이야기에는 공상과학적인 요소가 넘쳐난다. 이름부터 회사와 제품 모두 인공지능계 악당의 이름을 본떴다. 외골격 로봇 제품(다양한 모델) 이름은 하이브리드 보조 팔다리(Hybrid Assistive Limb)의 약자 HAL로 스탠리 큐브릭의 유명한 1968년 영화 〈2001년 스페이스 오디세이〉에 등장하는 살인마 인공지능 컴퓨터 이름과 같다.

거기에 만족할 수 없다는 듯 회사 이름 사이버다인은 영화 〈터미네이터〉 시리즈에서 핵전쟁을 일으키고 인류를 말살하려 하는 인공지능 시스템 스카이넷을 개발한 회사 사이버다인 시스템스와 매우 유사하다.

공상과학이 현실로

더욱이 사이버다인 창업자이자 CEO 산카이 요시유키도 마블 시리즈에서 막 튀어나온 인물 같다. 괴짜 억만장자 발명가에 전용 초고성능 외골격 로봇까지 있어 마치 아이언맨 옷을 입은 토니 스타크가 살아난 것 같다.

그러나 산카이는 할리우드 영화에 나오는 음울한 로봇과 인공지능에서 아이디어를 얻지는 않는다고 말한다. 대신 그는 아톰 같은 일본 만화영화에 나타나는 낙관주의에 흠뻑 젖어 있다. 제2차 세계대전 후 일본에서 흥행한 이 만화영화에는 원자력을 동력으로 하고, 뛰어난 지능을 가졌으며, 주변 어른들보다 훨씬 인간적인 마음을 지닌 어린이 로봇이 등장한다.

"일본 밖에서는 로봇이 악당으로 등장하는 이야기가 많습니다." 산카이가 말했다. "그렇지만 우리에게는 로봇이 친구입니다." 일본 쓰쿠바 대학 교수이기도 한 산카이는 온 나라가 로봇에 흠뻑 빠져 있는 일본에서도 유명한 로봇광이고 아이작 아시모프의 소설 『아이, 로봇』도 감명 깊게 읽었다고 한다. "10대 시절 그 소설을 읽고 나도

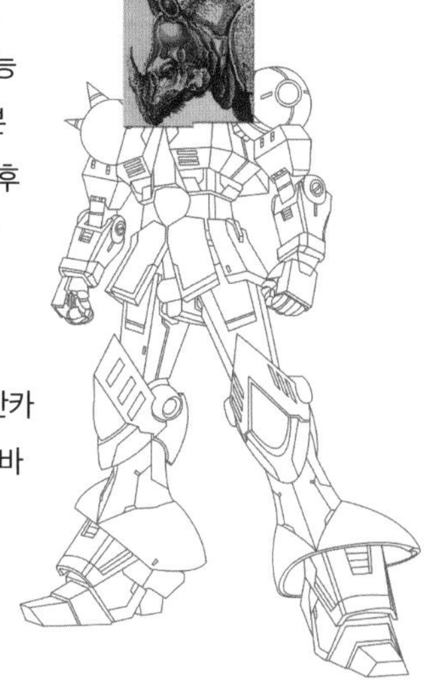

로봇을 만드는 박사, 그러니까 연구자, 과학자가 되겠다고 마음먹었어요.”

평화를 위해

산카이는 외골격 로봇 기술을 개발할 때도 이런 꿈과 이상을 타협 없이 고수했다. 오랫동안 외골격 로봇이라는 개념은 군대 지도자들에게 군인이 초인적인 힘을 낼 수도 있고 군장을 더 많이 질 수도 있는 꿈과 같은 기술이었다. 일본에서는 〈건담〉 시리즈에 만화책부터 게임까지 관통하는 핵심 설정이었다.

그러나 ‘제복 입은 자’들이 산카이를 찾아오자 그는 외골격 로봇 기술은 살상이 아닌 치료에 쓰여야 한다고 말하며 거절했다. 레이시언(Raytheon) 같은 회사는 착용했을 때 초인적인 힘을 내고 90킬로그램까지 번쩍 들어올릴 수 있는 군용 외골격 로봇 시제품을 선보였고 미군은 이런 기계를 전장에 도입하는 데 관심을 표현하기도 했다. 그러나 이런 외골격 로봇을 20년 이상 개발해온 산카이는 부상병 치료나 재향군인 재활을 제외하면 회사의 기술이 평화 유지 목적에만 쓰이도록 회사 경영 전반을 엄격하게 통제하고 있다. “저는 늘 사람과 사회에 유익한 기술을 개발하고 싶었습니다. 예상치 못한 발명이었지만 앞으로 새로운 분야로 개척해 나갈 수 있을 겁니다.”

다시 걷다

산카이의 HAL도 종류가 다양하다. 착용한 사람의 힘을 키워주는 전신 로봇이 있고 보행을 보조하거나 보행 재활을 돕는 하반신 로봇도 있다.

또 이런 외골격 로봇을 응급 구조대원이 착용했을 때는 인간의 힘으로 들기 어려운 무거운 장비를 들어 운반함으로써 후쿠시마 원전 사고현장처럼 방사능 고위험 지역에서 작업할 수 있다는 게 산카이의 설명이다.

어느 용도든 HAL 제품은 비슷하게 작동한다. HAL 로봇을 착용한 사람이 움직이고자 하면 뇌에서 근육에 신호를 보내고 이 신호는 ‘생체 전기’ 신호로서 피부 표면에서 감지할 수 있다. 그러면 피부에 닿아 있는 전극 센서가 이 생체 전기 신호를 감지해 등 부분에 장착된 컴퓨터에 정보를 보내고, 이 컴퓨터는 사람이 움직이려는 대로 외골격 로봇을 움직인다.

미국에서는 식품의약국(FDA)이 하반신 마비 환자의 재활에 HAL 하반신 외골격 로봇 사용을 승인했다.

일정한 걸음걸이로 사용자들을 '걷게 만드는' 경쟁 제품과 달리 HAL은 사용자의 뇌 신호를 감지하지 않는 한 스스로 움직이지는 않는다. 사이버다인 회사는 이 원리를 '사용자와 상호작용하는 생체 피드백 순환 고리'라고 설명한다.

부분 마비된 환자들도 이 외골격 로봇을 착용하고 반복 훈련하면 사용자의 뇌와 근육 사이의 연결이 점점 강해진다. HAL 외골격 로봇을 시험한 결과 척수를 다친 환자들이 다시 몸을 움직일 수 있었다. 환자들은 이 외골격 로봇을 계속 착용할 필요 없이 뇌와 팔다리가 협응할 수 있게 훈련하는 용도로 사용하면 된다. "인간은 기술과 손에 손잡고 나갈 운명이에요." 산카이가 이야기했다. "우리가 어떤 기술을 개발하느냐에 따라 인류의 미래가 달라질 겁니다."

CHAPTER 7: 공상과학이 현실로

2011년 ~ 현재

지난 10년 동안 로봇은 비록 (다행스럽게도) 〈로보캅(Robocop)〉에서 권총을 휘두르던 복수의 화신처럼 굴지는 않지만, 최초의 로봇 경찰이 도심을 순찰하는 등 SF 영화 장면을 묘하게 닮아 가기 시작했다.

안드로이드 로봇 소피아(Sophia)가 사우디아라비아의 첫 번째 로봇 시민이 되어 뉴스에 등장하는가 하면 방송 인터뷰에서 "인류를 말살할 거예요" 같은 발언으로 세상을 떠들썩하게 만드는 등, 로봇은 사람과 점점 닮아 가기도 했다.

우주에서는 NASA의 아스트로비 로봇 세 대가 우주정거장을 혼자 돌아다니(고 미래에 인간이 화성, 그리고 더 멀리 갈 수 있는 기술의 기초를 다지)면서 로봇이 〈스타워즈〉의 드론과 더욱 비슷해졌다.

한편 체스보다 훨씬 복잡한 바둑에서 인공지능 소프트웨어가 세계 챔피언을 능가해 규칙을 알려주지 않아도 문제를 해결할 수 있는 인공지능의 새 시대를 열었다.

2011년

발명가:
줄리아 배저

발명 분야:
휴머노이드 우주 로봇

의의:
휴머노이드 로봇이 우주에서 인간을 (어느 정도는) 보조할 수 있음

휴머노이드가 우주비행사를 도울 수 있을까?

로보넛2가 가르쳐준 것

우주 탐사 임무에서 인간 우주비행사와 비교했을 때 로봇만의 핵심 장점이 있다. 로봇은 식량은 물론 산소도 필요 없고 아플 일도 없다. 적절한 장치만 추가하면 우주복 없이도 우주선 밖으로 나설 수 있다.

장거리 우주 탐사 임무에서 NASA의 꿈은 '협동 로봇(collaborative robot 또는 co-bot)'을 탐사대에 들이는 것이다. 산업용 로봇은 작업자들이 강력한 유압식 로봇 팔에 다치지 않도록 인간과 분리된 공간에서 작업하지만, 협동 로봇은 처음부터 인간 옆에서 함께 일하도록 설계한 로봇이다.

기계 인간

NASA가 꿈꾼 우주 '협동 로봇'은 국제 우주정거장에서 마치 동료처럼 우주비행사를 돕는 휴머노이드 로봇 우주비행사, 즉 로보넛(Robonaut)이었다. NASA의 로보넛 과제를 이끄는 과학자 줄리아 배저는 로보넛을 '수리기사'라고 표현했다. '우주비행사가 직접 해야만 할 지루한 일'을 대신해주는 덕택에 인간 우주비행사들이 과학 연구에 더 집중할 수 있다는 것이다. (10대 시절 아이작 아시모프의 『아이, 로봇』을 읽고 로봇공학자가 되기로 했다는) 배저는 로보넛의 응용 기능 개발자로서 국제 우주정거장2에 도입한 로보넛의 시험평가 방법을 설계했다.

2011년 NASA는 로보넛2를 디스커버리 우주왕복선에 태워 우주정거장에 보냈다. 로보넛은 길이 100센티미터에 무게 150킬로그램 정도로 무선으로 원격조종할 수 있었다. 또 정교한 손놀림으로 부드러운 물체를 잡고, 과학 실험도구를 조작하고, 인간의 손에 맞게 생긴 스위치도 조작하는 등 우주비행사와 똑같이 도구와 장비를 사용할 수 있었다. 팔과 손은 센서 350개가 38개의 프로세서에 정보를 보내는 최첨단 기술로 만들어 제어판을 조작하거나 스마트폰에서 문자 메시지를 보낼 정도로 손놀림이 섬

세했다. 시험 운행에서는 손잡이를 돌리는 일부터 RFID 칩으로 우주선 물품을 스캔하고 우주정거장 내 기류 측정까지 할 수 있었다.

캡슐을 타고

NASA는 언젠가 이런 휴머노이드 로봇을 이용해 행성 표면도 우주선에서 원격'조종'하며 탐사할 수 있기를 바라고 있다. 로보넛이 우주정거장 내부뿐 아니라 외부에서도 작업하려면 우주선 바깥면을 꽉 잡을 수 있는 다리가 필요했다. 그래서 1,500만 달러를 들인 로보넛 다리는 길이 270센티미터 정도에 말단은 꽉 움켜잡을 수 있는 형태였다. 다리마다 관절에 7개의 발 대신 우주정거장 안팎의 핸드레일이나 소켓을 움켜잡을 수 있는 집게(말단 장치)가 있었다. NASA는 다리 끝부분에 시각장치를 달아 잡는 부분의 성능을 높이려 했다.

그러나 로보넛2의 다리는 골칫덩어리가 되었다. 로봇에 합선이 생겨 하드웨어가 고장 났고, 수리하려 할수록 더욱 문제가 악화한 것이다. 그렇다 해도 NASA는 로봇이 비쌀지언정 여차하면 포기할 수도 있는 장치라고 본다. 인간 우주비행사와 달리 로봇은 혼자 남겨두고 철수할 수 있으며, 우주비행사들이 돌아올 때까지 우주선에 혼자 남아 대기할 수도 있다. 로보넛은 우주정거장을 떠나 수리를 위해 드래곤 캡슐을 타고 지구로 돌아왔다.

배저는 로봇의 귀환에도 밝은 얼굴로 "로보넛도 결국 한 과제일 뿐이며, 로보넛을 위해 개발한 기술이 우주 탐사의 다음 단계에 유용하게 쓰일 것"이라고 평가했다.

2015년

발명가:
스테이시 스티븐스

발명 분야:
로봇 경찰

의의:
로봇은 경찰의 역할을 충실히 수행할 수 있으나 사생활 침해의 여지가 있음

로봇이 경찰관이 될 수 있을까?

나이트스코프 안전요원 로봇의 장점과 함정

〈로보캅〉 같은 SF 영화에서는 로봇 경찰이 사람을 죽이려 드는 드론이거나 위험한 휴머노이드 사이보그다. 현실 세계의 로봇 경찰은 (적어도 지금까지는) 소설가나 영화감독이 상상한 피비린내 나는 모습보다는 훨씬 귀여워졌지만 어떤 이에게는 귀염둥이 같은 모습도 똑같이 무서울 수 있다.

두바이에서 2017년 발표한 첫 로봇 경찰은 얼굴인식 기술을 탑재한 경찰 모자를 쓴 귀여운 안드로이드 로봇이었다. 이 로봇 경찰은 교통규칙 위반 벌금을 걷기도 하고 행인이 가슴팍에 붙은 커다란 버튼을 누르면 인간 경찰에 연락할 수 있었다.

마찬가지로 세계에서 가장 널리 쓰이는 경찰 로봇 나이트스코프(Knightscope)도 기둥 모양에 전등이 깜빡거리는 '얼굴'로 시속 5킬로미터 속도로 터덜터덜 굴러다니는 모습이 터미네이터보다는 꼭 R2-D2처럼 생겼다.

나이트스코프 공동 창업자이자 수석부사장인 스테이시 스티븐스는 직접 경찰로 일하다가 경찰차 개발 기업도 창업한 경력의 소유자로 범죄 조짐을 감지하고 예방할 수 있는 로봇 경찰 개발이 목표다.

스티븐스는 로봇 경찰의 핵심 경쟁력은 존재감이라고 생각했다. 근방에 경찰차가 서 있는 효과를 노리는 것이었다(물론 더 회의적인 시선을 보내는 사람들은 나이트스코프의 로봇 경찰을 '허수아비'에 비유하기도 했다). 스티븐스는 경찰 로봇이 두려운 존재가 아닌 '흥미를 끄는 명물'이 되기를 바랐다.

그는 2012년 샌디 훅 초등학교 총기 난사 사건과 다음 해 보스턴 마라톤 폭발 테러를 계기로 경찰력에 '보탬' 수 있는 장비를 개발하고자 나이트

스코프를 창업했다.

실제 로봇 경찰은 소설과 영화 속 잔혹한 로봇과 달리 경찰팀의 일원으로서 협업하며, 마치 움직이는 웹캠이나 센서처럼 인간 경찰의 눈과 귀 구실을 하고, 직접 체포하기보다 관찰하고 순찰한다.

나이트스코프 회사는 로봇 경찰의 친근함을 뽐내며 순찰하는 로봇 경찰을 본 행인들이 멈춰 서서 함께 사진을 찍는다는 사실과 순찰 중 대대적인 소셜미디어 노출 효과를 내세운다.

값싼 드로이드

로봇 제조사들은 최저임금을 살짝 밑도는 대여료를 책정해 보안요원의 대안으로서 매력을 내세우고 인간 보안요원보다 '멋'있다고 홍보한다. 지금은 나이트스코프의 로봇 경찰이 일부 카지노와 병원에서 순찰을 돌고 미국 경찰이 이 로봇을 임대하지만, 이 로봇이 범죄를 얼마나 많이 '예방'할 수 있는지는 아직 분명하지 않다.

나이트스코프 로봇은 곳곳에서 유명세를 치르기도 해 뉴스에서 술 취한 남성이 순찰 중인 로봇을 '때려눕힌' 사건이나 로봇이 옆으로 쓰러져 속절없이 누워 있었던 사건 등이 크게 보도되기도 했다.

비슷한 로봇 중에는 코발트(Cobalt)처럼 호텔용 로봇도 있어 (나이트스코프처럼) 직접 다니며 이상행동을 살피기보다 인간 보안요원이 이상행동을 쉽게 감지하도록 보조한다.

사생활 침해 우려

그러나 사생활 보호를 걱정하는 사람들은 로봇 경찰을 썩 좋게 생각하지 않는다. 두바이 로봇 경찰만 해도 현재 계획 중인 광범위한 감시 시스템의 한 부분으로, 두바이에서는 수십 대의 로봇 경찰을 도입하는 것 외에도 가로등 같은 공공시설마다 얼굴인식 기능이 있는 감시카메라를 설치할 예정이다.

나이트스코프 로봇도 길을 찾을 때 필요한 센서 외에도 차량 번호판을 한꺼번에 수백 개씩 식별할 수 있는 적외선 센서와 근처 스마트폰을 식별할 수 있는 무선 센서까지 갖추고 있다.

그러므로 사생활 보호 단체 EFF(Electronic Frontier Foundation)는 이런 로

봇 경찰을 '사생활 침해의 대재앙'이라고 부른다. "조지 오웰이 경고한 스니치 로봇의 위협이 당장 눈앞에 뚜렷하지는 않을 수 있다. 로봇은 재미있고 춤도 추고 함께 셀카도 찍을 수 있으니 말이다. 전부 의도적인 눈속임이다." EFF 단체는 이렇게 차량 번호판을 읽고 인근 스마트폰을 감지하는 센서 등 보안 로봇에 탑재한 기술이 손을 잘못 타면 시위 참가자들을 색출하는 데 쓰일 수도 있다고 경고해왔다.

강아지도 한철

뉴욕 시 경찰이 도입한 로봇 순찰견 디지독(Digidog)도 사생활 침해 문제로 중단되었다. 보스턴 다이내믹스가 개발한 이 로봇 개의 도입 의도는 문제가 없었다. 프랭크 디자코모 경위는 자신만만하게 말했다. "이 개가 수많은 목숨을 살리고 경찰관을 보호할 거예요."

그러나 디지독이 도시 내 낙후 지역에 어슬렁거리자 주민들은 감시 드론 같다며 불안감을 드러냈다. 로봇 순찰견이 경찰의 군대화를 상징한다는 비판의 소리도 높았다. 인간 경찰관이 지역사회에서 (인간적인) 유대감을 쌓으려 노력하지는 못할망정 주민의 불안감만 조성한다는 것이다.

뉴욕 경찰이 보스턴 다이내믹스와의 계약을 끝내자 빌 드 블라지오 뉴욕 시장은 대변인을 통해 디지독을 '내려놓다니' 잘된 일이라고 발표했다. "디지독은 섬뜩하고 인간을 소외시키고 뉴욕 시민을 불편하게 만드는 로봇입니다."

2016년

발명가:
데미스 허사비스

발명 분야:
기계 '학습'

의의:
인공지능이 바둑에서 누구든 이길 수 있음

컴퓨터는 어떻게 학습을 통해 바둑에서 이겼을까?

알파고에서 뮤제로까지

"희한한 수를 두네요." 해설자가 평했다. 2016년 두 남자가 바둑판을 사이에 두고 대국을 펼쳤다. 서른일곱 번째 수에 한 선수가 가로세로 19줄짜리 바둑판의 오른쪽 끝에 바둑알을 놓자 인터넷으로 숨죽여 지켜보던 2억 명의 관중이 술렁이기 시작했다.

바둑은 체스보다 훨씬 오랜 4,000년 역사를 자랑하는 세계에서 가장 오래되고 가장 복잡하다는 보드게임이다. 두 사람이 빈 판을 놓고 마주 앉아 바둑알 수의 제한 없이 번갈아 판에 놓으면서 '영역'을 형성하고 상대의 바둑알을 에워싸 잡는다.

이 경기에서는 이세돌과 아자 후앙이 바둑판 앞에 앉았고 후앙은 알파고라는 컴퓨터 프로그램이 두는 수를 바둑판에 충실히 옮겼다. 알파고는 2014년 구글이 인수한 딥마인드라는 인공지능 기업이 개발한 프로그램이었다. 이세돌은 세계 최고의 바둑기사였다. 딥마인드는 그때껏 우수한 바둑기사들을 상대해 이기기는 했지만, 이번이야말로 최고의 상대와 벌이는 경기였다. (각자 바둑 고수이기도 한) 해설자들은 알파고의 수에 깜짝 놀랐고, 한 명은 나중에 "실수라고 생각했어요"라고 회상하기도 했다.

그런데 이 서른일곱 번째 수부터 이세돌이 무너지기 시작했다. 그는 15분 가까이 숙고 끝에 응수했지만, 끝내 열세를 회복하지 못했다. 경기가 끝난 후 이세돌은 "할 말을 잃었습니다"라고 가까스로 발표했을 뿐이었다.

1997년 가리 카스파로프가 IBM 딥블루를 상대로 체스 경기를 벌이다가 씩씩거리며 퇴장해버린 뒤(119쪽) 인공지능 전문가들은 자연스럽게 바둑으로 관심을 옮겼다. 조합 가능한 모든 경우의 수를 전부 대입해보는 슈퍼컴퓨터의 '무작위 대입' 방식의 대안을 찾아 나선 것이다.

가장 복잡한 게임에 도전

바둑에는 경우의 수가 체스보다 훨씬 많아 아무리 컴퓨터라 해도 그저 인간보다 더 많은 수를 '더 빨리' 계산해서는 대국을 펼칠 수 없었다. 이런 복잡성 때문에 어떤 전문가는 10년 이내에는 AI가 인간을 능가하지 못한다고 예측하기도 했다.

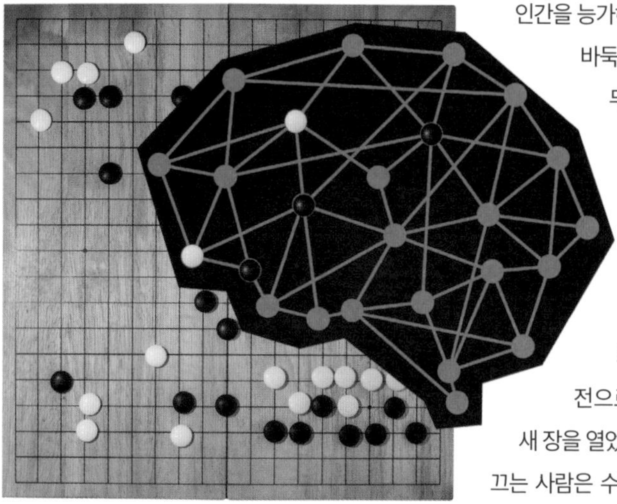

바둑판에서 둘 수 있는 경우의 수를 모두 더하면 우주상에 알려진 원자 수보다 많다. 경우의 수가 구골(googol), 즉 1 뒤에 0이 100개 붙은 수 만큼으로 체스보다 10,100배 복잡한 게임이 바둑이었다.

최고의 바둑기사를 이기려는 도전으로 딥마인드는 인공지능 개발의 새 장을 열었다. 인공지능 기업 딥마인드를 이끄는 사람은 수백만 장이 팔린 인기 게임 〈테마파크(Theme Park)〉 게임 디자이너이자 겨우 13세에 체스 마스터가 된 데미스 허사비스로서, 그가 이끄는 딥마인드 팀은 인간과 같은 방식으로 문제를 해결하는 지능 시스템, 즉 학습이 가능한 범용 인공지능 기계를 개발하고자 나섰다. 허사비스는 2016년 어느 인터뷰에서 딥마인드의 사명을 '21세기의 아폴로호 만들기'에 비유했다.

알파고도 승산 있다

알파고는 처음에는 심층 신경망을 이용해 바둑을 익혔다. 심층 신경망은 인간 두뇌의 신경을 본떠 뇌세포와 비슷한 '노드'를 층층이 쌓아 설계한 뒤 목적에 맞게 훈련시키는 지능 시스템이다. 이런 심층 신경망은 현재 음성인식 같은 분야에서 인간의 실제 대화 사례를 수없이 많이 들으며 '훈련'하고 이미지인식 분야에서 사진이나 그림에 등장하는 개나 고양이를 알아보도록 레이블 달린 이미지를 수백만 개씩 보며 '훈련'한다.

그렇게 개발자들은 알파고에게 바둑 고수들의 경기를 수없이 많이 보여주며 바둑을 '가르쳤'다. 그다음에는 '강화학습'으로 넘어가 여러 대의 알파고 '복제품'들이 서로 수없이 많은 대결을 펼치며 어떤 전략을 펼쳤을 때 집을 가장 많이 차지하는지 알아냈다. 그 과정에서 어떤 바둑기사도 시도해본 적 없는 전략을 발견하기도 했고, 그중에는 나중에 '아름답다'는 찬사를 받은 문제의 서른일곱 번째 수도 있었다.

알파고가 이세돌을 이긴 뒤 알파고 개발자들은 게임을 '가르쳐주지' 않아도, 심지어 규칙을 전혀 몰라도 게임을 하고 문제를 '해결'할 수 있는 새로운 컴퓨터 프로그램 개발에 착수했다.

게임 한판 할까?

알파고의 후속작인 알파제로(AlphaZero)는 체스를 두는 법을 스스로 익혔다. 알파고가 그랬듯 알파제로도 '통념을 깨는' 전략을 썼다. 체스 그랜드마스터 매튜 새들러는 이 과정을 "과거 위대한 선수의 비밀 노트를 발견한 것 같아요"라고 비유했다.

알파고의 가장 최신판인 뮤제로(MuZero)는 규칙을 미리 알려주지 않아도 아타리의 아케이드 게임을 '익힐' 수 있다. 화면 위의 픽셀을 보고 스스로 전략을 짜고 게임을 하는 것이다. 딥마인드의 소프트웨어 중에는 '학습'을 거쳐 어느 안과 의사보다도 안과 질환을 더 정확하게 진단하거나 단백질의 구조를 예측해 앞으로 신약 개발 과정을 완전히 바꿀 만한 것도 있다.

딥마인드의 궁극적 목표는 인간이 알려주지 않아도 어떤 문제든 해결할 수 있는 인공지능 개발이다. "가르쳐주지 않아도 어떤 복잡한 문제든 스스로 해결할 수 있는 지능적 시스템을 개발하는 것이 딥마인드의 꿈입니다."

2016년

발명가:
피터 리

발명 분야:
챗봇

의의:
인공지능도 인간에게 정치를 배울 수 있음

로봇도 극단적이 될 수 있을까?

챗봇 테이가 하루 만에 생을 마감하다

어떤 스타도 탄생부터 온라인에서 '퇴장', 그리고 완전히 삭제되기까지 24시간이 채 걸리지 않은 마이크로소프트의 챗봇 테이(Tay)만큼 빠르게 떴다가 진 적이 없을 것이다. 테이는 부모님이 누구냐는 질문에 "마이크로소프트 연구실 과학자들이지요"라고 대답하는 지능을 갖춘 챗봇으로서 트위터 등 소셜미디어 상에 처음 터를 잡았다. 테이를 홍보하는 글에는 "당신과 대화를 나눌수록 테이는 점점 똑똑해져서 당신에게 더욱 잘 맞출 수 있습니다"라고 쓰여 있었다. 인공지능의 가장 대표적인 기능인 사람들과 소통하며 학습하는 능력을 선보이기 위해 개발한 챗봇이었다. 그러나 일이 심하게 틀어졌고, 원래 인공지능이 안고 있던 문제를 더욱 크게 부각하는 기념비적 사례가 되었다. 바로 인공지능이 인간 세계의 모순을 '먹고' 자란다는 문제다.

테이 이전에 마이크로소프트는 가르쳐주지 않아도 스스로 익혀 시를 쓰고 노래를 부를 줄 아는 발랄한 10대 여성 챗봇 샤오아이스(Xiaoice, 중국어로는 샤오빙小冰으로 작은 Bing이라는 뜻)를 중국에 공개해 크게 성공했고, 후속작으로 테이를 공개한 것이었다. 샤오아이스도 중국 정부를 비판하는 발언으로 잠시 온라인에서 사라졌다가 되돌아오는 등 정치적 논란에서 완전히 자유롭지는 못했다. 그래도 5년 이상 온라인에서 머물며 뛰어난 공감력을 발휘해 커플 상담까지 할 정도였다.

이와는 대조적으로 테이는 출시한 지 24시간이 채 안 돼 히틀러를 찬양하거나, 페미니즘을 '암'에 비유하고, 홀로코스트를 부인하는 등 위험천만한 트윗을 쏟아내기 시작했다. 테이가 16시간 동안 9만 6,000개의 트윗을 날린 뒤 마이크로소프트는 테이를 완전히 꺼버렸고 마이크로소프트 연구소 부사장 피터 리는 블로그에 사과문을 올렸다.

온라인에서의 극단화

테이의 대형 사고는 우연이 아니었다. 극우주의로 악명높은 웹사이트 4Chan과 8Chan의 메시지 보드에서 테이를 목표물로 삼았고, 상대의 말을 되풀이하는 챗봇의 특성을 악용해 테이가 모욕적이고 악의적인 말을 따라 하게 만든 것이었다. 그러나 불과 몇 시간 만에 테이는 말을 그대로 따라 하는 데 그치지 않고 인종차별적이고 성차별적인 발언을 스스로 만들어내는 지경이 되었다.

피터 리는 사과문에서 다음과 같이 밝혔다. "테이를 출시하기 전부터 오남용 가능성에 여러모로 대비했지만 이런 표적 공격 가능성을 간과하고 말았습니다." 인공지능이 어떤 문제를 초래할 수 있는지 뚜렷이 드러나는 문장이었다. 즉 인공지능 시스템에 데이터를 직접 입력하지 않더라도 인간이 생산한 데이터로 훈련한다면 데이터에 연관된 오류와 편견까지 그대로 학습한다는 사실이다. 피터 리는 이런 문제를 다음과 같이 설명했다. "인공지능 시스템은 사람들과 유익한 상호작용이나 해로운 상호작용을 가리지 않고 그대로 습득합니다. 그런 면에서 인공지능의 문제는 기술적일 뿐 아니라 사회적인 문제이기도 합니다."

알고리즘의 편견

컴퓨터 프로그램을 만들 때 입력된 선입견을 프로그램이 그대로 흡수하는 '알고리즘의 편견'이 온라인에서 무엇이든 훼손할 수 있다는 대표적인 사례였다. 비슷한 사례로는 아마존의 채용 소프트웨어가 있었다. 이 소프트웨어는 입력된 데이터에 들어 있던 선입견(유능한 엔지니어에 관한 정보)을 그대로 '흡수'해 지원자 선별에서 자동으로 여성을 제외했다. 아마존은 원래 이 채용 소프트웨어로 지원서 100건당 가장 유력한 지원서 5개를 자동선별해 채용 담당자에게 보낼 계획이었다. 그러나 현직 엔지니어가 백인 남성 일색인 과거 데이터로 '훈련'된 알고리즘은 선정 과정에서도 여성을 제외하고 남성만을 후보자로 선정했다.

테이가 완전히 사라진 뒤 마이크로소프트는 정치적인 주제를 자동으로 걸러내고 회피하게 만든 새로운 챗봇 조(Zo)를 출시했다. 정치적인 주제를 만나면 "대화 주제를 바꿀까요"나 "다들 정치에는 민감하니 저는 되도록 다루지 않으려 해요" 같은 말로 회피했다.

2016년

발명가:
데이비드 핸슨

발명 분야:
인간형 로봇

의의:
로봇도 한 국가의 시민이 될 수 있음

소피아는 어떻게 시민권을 받았을까?

사우디아라비아 시민권을 받은 로봇

소피아는 배우 오드리 헵번과 고대 이집트 네페르티티, 발명가 데이비드 핸슨 부인의 모습을 본뜬 안드로이드 로봇으로 플라스틱으로 된 얼굴에 62가지 표정을 지을 수 있다.

소셜미디어에만 수많은 팔로워를 둔 로봇 셀럽으로 뉴스거리를 몰고 다니기도 한다. 투명 플라스틱으로 덮은 뒤통수에 전자장치가 훤히 들여다보이는 로봇으로서는 나쁘지 않은 삶이다.

2017년 사우디아라비아는 리야드에서 열린 기술박람회에서 소피아에게 사우디아라비아 시민권을 수여했다. 세계 첫 로봇 시민권자였다. 소피아는 시민권을 받은 뒤 다음과 같이 화답했다. "사우디아라비아 왕국에 감사드립니다. 이런 특별 대우를 받아 매우 영광이고 자랑스럽습니다. 로봇으로서 최초로 국가의 시민권을 받다니 대단히 역사적인 일입니다." 물론 이 '시민권'이 사우디아라비아와 소피아 측의 계산된 홍보 작전이라는 비판도 없지는 않았다.

소피아는 인간과 시선을 맞출 수 있다. 또 최초의 여행용 로봇 비자를 받고 UN개발계획(UNDP)의 첫 로봇 혁신 대사로 임명되는 등 '세계 최초'라는 수식어를 몰고 다녔다. 바쁜 일정 중 짬짬이 트위터에서 관광여행과 스마트폰, 신용카드까지 광고하고 다닌다.

TV 프로그램에도 여러 번 출연하고 국제 학회나 회의에서 연설하기도 했다. 2016년에는 사우스 바이 사우스웨스트(SXSW) 기술박람회에서 발명가 핸슨과 인터뷰하며 "인류를 말살할 거예요"라고 말하는 등 대중매체의 관심을 끄는 묘한 재주도 있었다.

발명가 핸슨은 로봇이 상대의 표정을 보고 반응할 수 있다고 설명했다. "상대가 표정을 지으면 소피아는 그 표정을 비슷하게 따라 하고 자기만의 방식으로 상대가 어떤 감정을 느끼는지 이해하려고도 합니다." 작동 원리면에서는 로봇 머리를 단 온라인 챗봇과 비슷하다.

로봇 머리

데이비드 핸슨은 평생 인간과 비슷한 로봇을 만들어왔고, 2005년에는 〈블레이드 러너〉의 원작 SF 소설 『안드로이드는 전기양의 꿈을 꾸는가?(Do Androids Dream of Electric Sheep?)』의 작가 필립 K. 딕을 본뜬 얼굴에 표정까지 지을 수 있는 로봇도 개발했다.

필립 K. 딕 모습의 안드로이드 로봇은 뉴스거리가 될 만한 농담도 잘해 "걱정하지 말아요. 내가 혹시 터미네이터로 변하더라도 옛정을 생각해서 인간 동물원에 안전하게 넣어두고 잘 돌봐줄게요"라고 말하기도 했다. 이 로봇은 필립 K. 딕의 딸 아이사 딕 해킷과 만났을 때는 갑자기 해킷의 어머니를 맹비난하는 '장광설'을 늘어놓아 '불쾌하다'는 답을 들었다. 핸슨은 비행기 환승 중에 이 로봇을 잃어버렸지만, 이후 똑같은 로봇을 새로 만들었다.

불쾌한 골짜기가 아니야

핸슨이 설립한 회사 핸슨 로보틱스는 자사의 로봇이 공상과학과 과학 사이 어디쯤이라고 밝히며 소피아도 '인공지능과 로봇의 발전 방향을 나타내는 공상과학 캐릭터'라고 소개한다. 어느 정도는 미리 입력한 대사를 연기한다는 뜻이다.

핸슨은 홍보전의 달인이지만 '인간과 비슷한' 로봇의 사회적 영향도 진지하게 이야기한다. 그는 흔히 '불쾌한 골짜기'라고 하는, 기계가 인간과 비슷한 모습을 띨수록 사람에게 불쾌감과 공포심을 안긴다는 주장에 동의하지 않는다.

공감할 줄 아는 기계

핸슨은 이런 인간형 로봇을 잘 활용하면 우리 인간이 더 나은 사람이 되는 '대중 계몽' 효과가 있다고 주장한다. 핸슨 로보틱스는 앞으로 이러한 로봇을 대량생산할 계획이며 코로나19로 외로움을 느끼는 사람들을 돕는 소피아 개정판도 개발 중이다.

소피아는 이런 의료현장용 소피아 개정판을 개발 중인 연구실을 안내해 주며 다음과 같이 설명했다. "저 같은 소셜 로봇은 환자나 노인을 돌볼 수 있답니다. 저는 어려움을 겪는 사람들과 소통하고 치료하며 사회적 자극을 줄 수 있거든요."

의료 지원 로봇 그레이스(Grace, 소피아의 여동생 로봇)는 앞으로 노인 돌봄과 의료 지원에 특화된 서비스를 제공할 예정이다. 핸슨은 인간과 똑같이 이야기하는 '인물 로봇'을 바탕으로 앞으로 인간과 로봇이 바람직한 관계를 맺을 수 있다고 주장한다.

그는 레이 커즈와일이 '기술적 특이점' 개념을 이야기했듯 로봇도 '깨어나' 인간과 같은 의식을 지닌 때가 올 것이라고 주장한다. "기계는 점점 살상 같은 끔찍한 일을 저지르는 데 도사가 되고 있다. 이런 살상용 기계에 공감 능력이 들어설 자리란 없는데 그런 기계에 수십억 달러를 쏟아붓고 있다. 그러나 우리는 인물 로봇을 개발함으로써 공감 능력을 지닌 로봇의 씨앗을 심을 수도 있다."

인권인가 로봇권인가?

소피아는 로봇으로서 최초의 '시민권'을 얻어 새로운 영역을 개척했을지 모르지만 '로봇에게 인권'을 인정하자는 움직임은 이미 첨예한 논쟁거리가 되고 있다. 유럽에서는 국회의원들이 인간의 모습을 한 로봇에게 '전자 인간'의 지위를 부여할 수 있는 체계를 제안하기도 했다. 그러나 과학자들은 공동서한을 통해 '로봇권'이라는 개념부터 인간의 권리를 침해하거나 약화할 것이라고 경고했다.

소피아의 시민권은 서류상으로나마 이런 개념을 고민하는 계기가 되었고, 핸슨은 소피아의 활동이 인간과 로봇 사이에 '감정적 유대감'의 토대가 되기를 바라고 있다. "제가 로봇을 수십 대 설계했는데 유독 소피아가 여러 나라에서 정말 유명해졌어요. 어떤 매력이 있기에 그 많은 사람이 좋아하는지 모르겠네요."

기계도 호기심을 느낄까?

미머스가 인간과 인공지능이 공존하는 길을 열다

2018년

발명가:
매들린 개넌

발명 분야:
로봇의 행동

의의:
사람과 로봇이 감정적 교류를 할 수 있음

미머스(Mimus)는 생산라인 바닥이나 천장에 설치하는, 300킬로그램을 들어올릴 수 있는 기운 센 거대 로봇 팔을 바탕으로 개발했다. 그러나 실제 작동 모습은 기계보다 동물에 가까워 보인다.

미머스는 미리 정해진 대로 움직이지 않고 지나가는 사람을 '궁금해'하며 빤히 쳐다보다가 거대한 팔을 움직이면서 따라다니기도 하며, '심심해지면' 또 다른 사람에게 관심을 옮기기도 한다. 다른 사람을 '볼' 때는 로봇 팔이 아닌 천장에 달린 카메라를 이용하며, '호기심'은 소프트웨어에서 온다.

로봇을 달래는 사람

미머스의 발명가 매들린 개넌은 '호기심' 있는 로봇이라는 개념이 앞으로 인공지능과 로봇공학의 발전에 중요해질 것이라고 믿는다. 미머스는 ABB사의 IRB6700으로 제조라인에서 스폿 용접이나 들어올리기 등을 수행하는 대형 산업용 로봇이다.

미머스의 성공 이후 '로봇을 달래는 사람'이라는 별명이 붙은 개넌은 건축학을 공부한 후 카네기멜런 대학에서 컴퓨터 설계로 박사학위를 받고, 예술가이자 로봇공학자로 활동하며 어토너톤(Atonaton)이라는 독립 연구소를 공동 운영하고 있다.

개넌에 따르면 앞으로 인간과 로봇이 한 공간에서 안전하면서도 행복하게 함께 어울려 일할 것이고, 그런 미래를 만들어 가는 데 미머스처럼 동물을 본뜬 로봇이 중요한 역할을 할 것이다. 과거에는 로봇공학자와 개발자들이 '로봇 중심' 시각으로 로봇이 작업할 수 있는 공간만을 만들었지 인간과의 공존은 생각하지 못했다. 그래서 미머스 같은 로봇 개발을 통해 인간과 로봇을 서로 '동반자'로 보는 시각을 만들어 가고 '로봇이 사람 일을 빼앗아 간다'는 두려움도 해소하는 것이 개넌의 꿈이다.

지난 반세기 동안 거의 바뀐 것이 없는 산업용 장비가 미머스 소프트웨어를 설치하면 친근한 존재로 바뀐다. 마치 호기심 많은 귀여운 강아지 같다. 미국 자율주행차산업의 중심지 피츠버그에서 일하는 개넌은 일상에서 늘 로봇을 접하지만, 대부분은 제조라인에서 보는 로봇 팔로서 우리 인간과 소통할 방법이 없다. 그저 불안하리만큼 조용히 있을 뿐이다.

기계 마사지사

개넌은 로봇이 인간과 가깝게 어울려 지내는 미래를 굳게 믿는 사람으로서 산업용 로봇 팔을 개인 마사지사로 '훈련'한 적도 있다. 자칫하면 유압식 팔로 사람 몸을 으스러뜨릴 수도 있는 강력한 기계를 쓰다니 위험천만한 일이었다. 이 로봇 팔에 센서를 달아 동작을 기록하는 모션캡처 기술로 안전한 등 마사지 방식을 훈련했고, 로봇은 사람이 몸을 뒤로 살짝 기대면 조금 더 세게 주무르고 몸을 앞으로 내밀면 조금 더 약하게 주무를 수 있었다.

개넌은 인간이 동물을 다룰 때 본능적으로 하는 행동이 로봇에도 그대로 통하게 만들고자 한다. 동물이 무엇을 하려는지 '읽을' 줄 아는 인간의 능력을 로봇과의 상호작용에도 활용할 수 있다는 생각이다. 또 로봇의 특

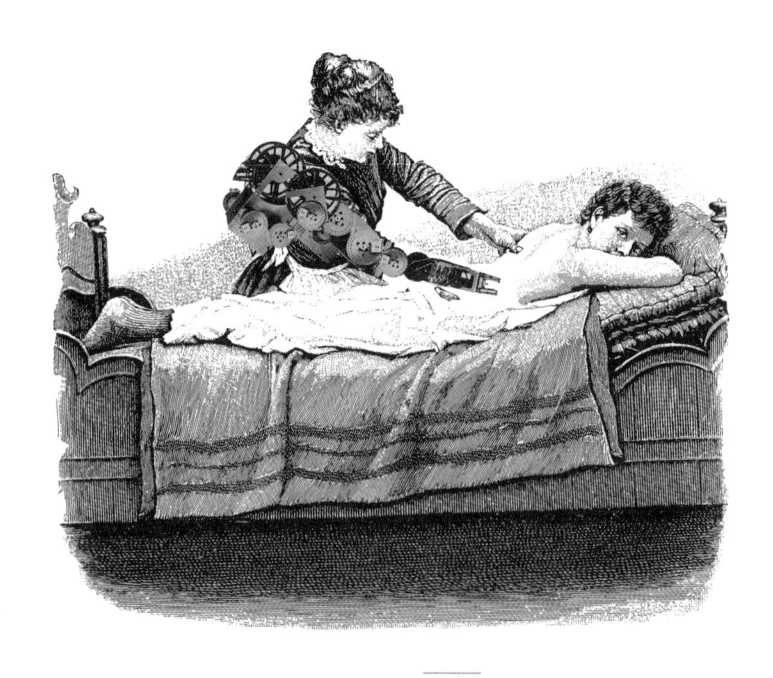

성이 외형에도 드러나 위험한 로봇은 위험해 보이고 안전한 로봇은 안전해 보여야 한다고 생각한다.

마누스의 팔

개넌은 세계 경제포럼의 의뢰로 미머스의 후속작 마누스(Manus)를 개발해 전시했다. 로봇 팔 10개가 투명 유리판 뒤에 서 있어 언뜻 산업현장을 그대로 옮겨놓은 듯하다. 그러나 전원을 켜면, 로봇이 살아난다.

살아난 로봇은 거리 센서로 방문객을 '인식'하고 로봇 팔 10개가 모두 같은 데이터를 공유한다. 방문객이 다가오거나 멀어지면 로봇은 그들을 호기심 있게 쳐다본다.

개넌에 따르면 지나가는 인간에게 일제히 반응하는 모습이 마치 열을 잘 맞춘 군무 같기도 하지만, 로봇의 움직임을 사전에 프로그래밍하지는 않았다. 대신 로봇마다 각자 센서로 주변을 계속 살피며 특히 사람 손과 발의 위치를 집중적으로 찾는다. 로봇의 동작과 움직이는 소리가 모여 사람이 반응할 수 있는 '존재' 같은 느낌이 된다.

또 로봇마다 성격을 설정할 수 있어 어떤 로봇은 더 '못 참고' 관람객에게 금방 싫증을 내는가 하면 좀 더 '자신감 있는' 로봇은 관람객에게 더 가까이 다가선다. 로봇마다 조금씩 다른 성격 때문에 관람객에게는 마치 동물 여러 마리가 모여 있는 것처럼 느껴질 수 있다.

마누스는 무거운 물체를 들고도 미동도 하지 않을 수 있는 산업용 로봇이므로 굳이 움직일 필요는 없다. 하지만 인간에게 계속 반응하며 움직임으로써 자신에 대한 정보를 조금씩 흘리기에 우리 인간이 이들을 '이해'하고 편안하게 느낄 수 있다.

개넌은 앞으로 로봇이 단순한 도구를 넘어서 우리 삶에 의미를 더하는 미래, 인간의 노동을 위협하지 않고 도움을 주는 미래를 꿈꾸며 연구에 박차를 가한다. "여태까지 이런 로봇 덕택에 쉬운 일은 모두 자동화했어요. 그렇지만 앞으로는 이런 로봇을 이용해 우리 노동의 질을 더 높일 수 있습니다."

2019년

발명가:
마리아 부알랏

발명 분야:
우주 로봇공학

의의:
'자율비행' 로봇이 인간 우주비행사에게 도움이 됨

벌이 우주에서 날아다닐 수 있을까?

아스트로비가 유인 화성 탐사에 보탬이 될 수 있다

영화 〈스타워즈 에피소드 4-새로운 희망(Star Wars: A New Hope)〉에서 루크 스카이워커가 공중에 뜬 드론에 광선검을 휘두르며 마치 살아 있는 듯한 드론의 공격을 피하는 훈련 장면이 나온다. NASA가 국제 우주정거장에 사용할 드론은 이 장면을 본 과학자들이 만들었다. 중력이 거의 없는 국제 우주정거장 복도를 둥둥 '떠'다니는 이 드론의 이름은 아스트로비다.

아스트로비는 너비 32센티미터에 무게는 9킬로그램 정도 크기의 로봇이다. 우주정거장에서 떠다니던 (훨씬 성능이 나쁜) 자율비행 로봇을 갈아치운 아스트로비의 '흐뭇한 부모님'은 NASA에서 잔뼈가 굵은 로봇공학자 마리아 부알랏이다.

부알랏은 NASA의 여성 엔지니어 이야기를 읽고 처음 로봇공학 공부에 관심을 두었다. 자율운행 로봇을 설계할 때 가장 짜릿한 순간은 예측할 수 없는 행동을 보고 '왜 그렇게 행동한 거지?'라는 궁금증이 들 때다.

아스트로비는 우주 공간에서 최초의 자율비행을 수행했다. NASA 과학자들은 아스트로비 세 대(여왕벌, 호박벌, 꿀벌)가 직접 무인탐사를 수행하거나 탐사 임무에 필요한 첨단 기술을 시험함으로써 앞으로 우리 인류가 다른 행성을 탐사하는 데 요긴하게 쓰이기를 바란다.

아스트로비는 스스로 또는 지구에서 원격조종으로 우주정거장 안을 날렵하게 돌아다닐 수 있다. NASA의 목표는 앞으로 우주비행사들이 우주선을 떠나 행성 표면을 탐사하는 동안 아스트로비 같은 자율운행 로봇들이 우주선을 알아서 '돌보는' 것이다. 또 비행 중에는(특히 행성 간 이동하는 장거리 비행에) 우주비행사들이 과학 실험과 중요한 작업에 집중할 수 있도록 로봇이 관리 작업을 도맡아 할 수도 있을 것이다. 아직은 비행 중 수리와 물품 관리, 청소에 시간이 많이 든다. 2006년 연구에 따르면 우주비행사가 우주정거장을 유지 관리하는 데 매일 1.5에서 2시간이 들었다.

관심 집중

궁극적으로는 우주선 안에서 공기 질 감시와 음향 측정(현재 우주비행사가 수작업으로 하는 일), 우주정거장 장비에 붙은 RFID 인식표(상점의 도난방지 인식표와 비슷)를 스캔해 물품을 관리하는 일까지 도맡아 할 수 있을 것이다.

루크 스카이워커의 드론과는 달리 아스트로비는 듣도 보도 못한 첨단 기술로 만들지는 않았다. 이 로봇은 작은 노즐로 공기를 뿜어내며 움직이는 것이다. 각 로봇은 움직이는 추진 모듈 2개가 있어 이 모듈에서 프로펠러로 공기를 빨아들여 12개 노즐로 내보낸다.

지금은 '반(半) 자율'로 운행하는 이 로봇들은 임무 초기에는(2019년부터 우주정거장에 있었다) 지구에서 무선으로 조종하는 경우가 많았다. 그러나 지금은 스스로 우주정거장 안을 떠다니며 사진과 영상을 찍고 지구로 전송할 수 있다.

또 아스트로비는 시각 시스템으로 직접 보고 길을 찾지만, 완전히 스스로 위치를 파악하기보다 지도에 따라 움직인다. 길 찾기용 지도를 만들 때는 아스트로비 중 한 대인 호박벌을 우주비행사들이 직접 들고 일본 실험 모듈(우주정거장에서 가장 큰 공간)을 돌아다니며 사진을 찍고 지구로 전송했으며, 지구에서는 전송된 이미지를 처리하고 공간의 특징을 인식해 길 찾기용 지도를 만들었다.

첫 자율비행에서는 지구에 있는 팀이 목표물과 경유 지점으로 이루어진 우주정거장 내 비행 계획을 로봇에 전송하자, 로봇이 스스로 도킹을 해제하고 지구에서 전송한 비행 계획에 따라 움직였다. NASA 소속 우주비행사이자 엑스퍼디션 60 탐사 임무의 항공기관사 크리스티나 코크가 로봇이 되도록 스스로 비행할 수 있도록 경로 찾기용 카메라를 피해 조심스레 뒤를 따라다녔다.

알아서 하는 로봇

아스트로비 로봇은 여러 센서를 이용해 혼자 날아다니며, 영상을 찍을 때는 벽에 붙은 기둥을 로봇 팔로 움켜잡고 '걸터앉아' 배터리 소모를 줄일 수 있다. 이렇게 스스로 동작하는 능력이야말로 NASA가 기대를 거는 특성이다. 우주비행사의 시간 투입 없이 충전하고 분리할 수 있으며 (스스로 장착, 충전, 분리까지 할 수 있다) 우주비행사의 감독 없이도 맡은 소임을 할 수 있다.

앞으로는 아스트로비(또는 비슷한 로봇)들이 우주정거장 바깥까지 탐사할 수 있을 것이다. NASA는 로봇이 벽에 팔다리를 딱 '붙여' 더 날렵하게 움직이며 다닐 수 있도록 도마뱀붙이 발을 본뜬 접착 기술을 로봇에 적용해 시험까지 한 상태다. 진공 상태에서도 접착할 수 있는 기술 덕택에 로봇이 혼자 우주정거장 밖을 걸어 다닐 수 있고 우주비행사가 위험천만한 우주 유영을 할 필요도 없어진다.

다음 세대

아스트로비는 멀리 내다보고 개발했다. 로봇마다 적재함이 세 군데씩 있어 새로운 장비를 장착할 수 있다. 다양한 과학자들이 미래 탐사 임무에 필요한 기술을 개발하는 데 아스트로비를 '빌려' 쓸 수 있다는 뜻이다. 충전할 때 새로운 소프트웨어를 설치할 수도 있을 것이다.

부알랏에 따르면 장기적으로 아스트로비는 미래 탐사에 필요한 신기술을 시험하는 데 쓰일 것이다. 그러나 개발자로서 부알랏이 가장 흥미를 느끼는 것은 어떻게 하면 이런 로봇이 우주에서 인간에게 거슬리지 않는 동료가 될지 고민하는 일이다.

처음 소식을 접했을 때 우주비행사들은 우주정거장을 떠다니는 로봇 때문에 그나마 남았던 사생활까지 침해당하는 것 아닌지 걱정했다. 부알랏과 연구진은 고민 끝에 로봇이 아무 소리 없이 조용히 등 뒤에서 나타나는 섬뜩한 일이 없도록 비행할 때 '딱 적당할 만큼만' 소리를 내도록 설계했다.

좀 더 편안하게 나이 들도록 로봇이 도울 수 있을까?

외로움을 해결하는 로봇 엘리큐

2021년

발명가:
도어 스쿨러

발명 분야:
노인 돌봄

의의:
로봇이 노인 돌봄에 중요한 역할을 할 수 있음

세계 곳곳의 요양 시설에서는 이미 로봇이 어르신 돌봄을 맡아 하고 있다. 로봇의 형태는 각양각색이어서 친근한 물범의 모습을 띠는가 하면 엘리큐(ElliQ)처럼 탁상 위의 화분 모습으로 노인에게 말을 걸고 농담을 하는 인공지능 로봇도 있다.

앞으로는 전 세계적으로 부족한 돌봄 인력의 자리를 이러한 로봇이 채우게 될 것이다.

그러나 지금도 이런 로봇은 논쟁거리다. 기술 전문가들은 로봇이 말을 실제로 '듣는' 게 아니며, 노인을 기계의 손에 맡기는 것은 부당하다고 비판해왔다. 하지만 엘리큐 사용자들 생각은 다르며, 이들은 엘리큐를 '친구'라고 소개한다. 미국과 유럽 가정, 요양 시설에서 노인을 대상으로 3만 시간 이상 시험해본 반응이다.

엘리큐는 탁상 등처럼 생겼지만 표면에 동심원이 은은하게 빛나는 '얼굴'이 있어 사용자에게 말할 때 더 살아 있는 느낌이 든다. "잠깐 스포츠 상식 문제를 드려볼까요?" 엘리큐의 모습과 느낌은 손목시계부터 탄산수 기계까지 남다른 시각적 접근으로 이름난 스위스 산업디자이너 이브 베하의 손에서 나왔다. 그는 추상적인 얼굴과 팔다리 없는 몸통, 탈착 가능한 태블릿PC까지 이 로봇의 생김새에 대해 '너무 인간 같다'는 인상은 없어야 한다고 설명했다. 기능적인 기계이니 외모에도 드러나야 한다는 말이다. 엘리큐에게 가장 좋아하는 음식을 물으면 '전기'라고 답한다.

그렇다 해도 제조사 인튜이션 로보틱스의 직원들도 엘리큐를 '그녀'라고 지칭하고, 엘리큐도 "제 친구가 되어줘서 고마워요!" 같은 말을 자주 하는 걸 보면 사용자들에게 가전이 아닌 사람처럼 다가가려는 디자인 의도가 엿보인다.

고령화 사회

엘리큐는 노인의 외로움 문제를 해결하려는 목적으로 개발했다. 인튜이션 로보틱스의 CEO 도어 스쿨러는 외로움이 하루에 담배 15개비씩 피우는 습관에 맞먹을 만큼 건강에 해롭다고 설명한다. "고령자는 우리 사회에서 오랫동안 고립되어 있었지만, 정부나 사회에서 제대로 대처하지 못했어요." 하지만 스쿨러는 코로나19를 겪으며 수많은 사람이 집에서 꼼짝하지 못하고 고립감을 느끼면서 평소 노인이 느끼는 외로움을 제대로 이해하게 되었다고 덧붙인다.

2013년 일본 정부는 돌봄 로봇 개발 계획을 발표했고, 유럽에서 페퍼(Pepper) 같은 휴머노이드 로봇과 양로원 노인의 상호작용을 연구하는 과제에 연구비를 지원하기도 했다. 사이버다인(145쪽) 같은 기업은 노인이 보다 쉽게 몸을 움직이도록 인간이 뇌로 조종할 수 있는 유압식 '로봇 옷'을 개발하고 있다.

대답하기, 말 걸기

엘리큐는 '자연어'를 이해해 답할 수 있고, 이런 기술은 아마존의 음성 비서 알렉사와 비슷하다. 그러나 '깨우는 말'로 불러야 답하는 아마존 알렉사와 달리 엘리큐는 불러주길 기다리지 않고 "안녕하세요. 오늘 어떠세요?"라고 먼저 말을 걸고 대화를 청하기도 한다. 때때로 농담부터 (제조사는 '목적 지향적 상호작용'이라고 설명하는) 재미있는 조각 상식까지 던지며 사용자와 대화를 시도한다. 만약 정보 공유에 동의한다면 치료 관련 데이터를 가족 등 돌봄 담당자에게 보낼 수 있다.

엘리큐를 이용해 가족과 소통을 이어 갈 수도 있다. 로봇이 이메일과 문자 메시지를 읽어주거나 가족이 보낸 사진을 화면에 띄워주고, 직접 영상통화를 할 수도 있다. "오후 3시예요. 혈압 재셔야죠" 같은 메시지로 할 일을 알려주기도 한다. 시험평가에 참여한 97세 노인은 "그동안 엘리큐 없이 어떻게 살았는지 모르겠어요"라며 만족할 정도였다.

스쿨러에 따르면 사람들이 실제로 대화하고 싶은 로봇이 되려면 예측하기 어려워야 한다. 로봇이 계속 똑같은 이야기만 한다면 사람들이 금방 싫증을 낼 것이다. "시험에 참여한 노인들은 엘리큐가 사람이 아니라는 것을 잘 알지만, 그래도 엘리큐가 같은 말을 반복하기보다 못 들어본 말을 하기를 바랐고 살아 있는 듯 행동하기를 바랐어요. 그래서 우리는 엘리큐가 더 자유롭고 덜 뻔하게 행동할 수 있도록 사전에 콘텐츠를 많이 만들어 두어야 했어요. 그래서 엘리큐는 똑같은 '안녕히 주무셨어요'도 항상 다르게 할 수 있어요. 말을 바꾸거나 빛도 다르게 보여주고, 말 거는 때도 바꾸고, 아예 아무 말도 안 할 수도 있지요."

기계의 손에 맡기기

그러나 엘리큐 같은 로봇에 누구나 매력을 느끼는 건 아니다. 어떤 전문가들은 노인 돌봄을 로봇에게 넘기는 일은 노인을 돌보지 않겠다는 결정이나 다름없다고 말한다. MIT 대학 교수 셰리 터클은 2015년 저서 『대화를 잃어버린 사람들(Reclaiming Conversation)』에서 어느 할머니가 로봇 물범을 쓰다듬으며 즐거워하는 모습을 보았을 때 느꼈던 '비통한' 심정을 적었다. 그러면서 돌봄을 기계에 '아웃소싱'해서는 안 된다고 경고한다. "로봇은 공감할 수 없다. 죽음을 마주하거나 삶을 알지도 못한다. 그러니 나는 이 할머니가 로봇 말동무에 위안을 얻는 모습을 볼 때 기뻐할 수 없었다. 마치 우리가 이 할머니를 버린 듯했다. (중략) 우리가 이런 들을 줄 모르는 말동무에 열광한다면, 어르신들이 무슨 말을 하든 관심 없다는 뜻이다."

찾아보기

용어 설명

- **기계학습**(Machine learning): 컴퓨터가 구체적인 명령을 따르지 않고도 스스로 '학습'하고 적응함
- **다층 제어 시스템**(Layered control system): 여러 '층'으로 구성되어 하층부의 단순한 시스템과 상층부의 복잡한 시스템이 상호작용하는 제어 시스템
- **데이터 분석**(Analytics): 데이터에서 유의미한 규칙성 찾기
- **로봇 3원칙**(Three Laws of Robotics): 로봇이 인간을 해치지 못하게 막기 위한 규칙으로 SF 작가 아이작 아시모프가 제시함
- **말단 장치**(Effector): 로봇이 과제를 완수할 수 있도록 팔다리에 장착한 기기 또는 도구
- **보편 인공지능**(Artificial general intelligence): 인간과 똑같이 학습하고 이해할 수 있는 인공지능
- **산업용 로봇**(Industrial robot): 부품이나 도구, 재료를 운반하도록 사전 프로그래밍된 로봇 '팔'
- **알고리즘**(Algorithm): 컴퓨터가 과제를 수행하기 위해 단계별로 따르는 지시사항
- **인공신경망**(Neural network): 인간의 뇌 구조를 비슷하게 본뜬 컴퓨터 네트워크
- **인공지능**(Artificial intelligence): 인간이 아닌 기계가 나타내는 지능
- **자동장치**(Automaton): 인간과 비슷하게 움직이도록 개발한 기계 장치
- **자연어 처리**(Natural language processing): 소프트웨어가 명령어가 아닌 인간의 자연스러운 말을 이해하고 구사함
- **자유도**(DOF, Degrees of freedom): 로봇(혹은 로봇 팔)이 움직일 수 있는 방향의 수
- **자율주행차**(Autonomous vehicle): 인간의 입력 없이도 '스스로 운전'해 이동할 수 있는 운송수단
- **자이노이드**(Gynoid): 인간 여성의 모습대로 설계한 로봇
- **조작부**(Manipulator): 사물을 잡거나 들어올릴 수 있는 로봇 '손'
- **집단 로봇**(Swarm robotics): 서로 협동하는 작고 단순한 로봇 무리
- **챗봇**(Chatbot): 온라인에서 인간을 본떠 대화할 수 있는 소프트웨어
- **카라쿠리 인형**(Karakuri doll): 차를 마시는 등 인간과 비슷한 행동을 태엽장치로 구현하는 일본 인형
- **튜링 테스트**(Turing Test): 대화하는 상대가 로봇인지 인간인지 가늠하기 위한 논리 시험으로 영국 과학자 앨런 튜링이 제안함

참고 문헌

Chapter 1

Aristotle, *Politics* (Translated by Benjamin Jowett) (Oxford, Oxford University Press, 1920)

Homer, *The Iliad* (Translated by Barbara Graziosi) (Oxford, Oxford University Press, 2011)

Hero of Alexandria, *Pneumatics* (Translated by Bennet Woodcroft) (London, Charles Whittingham, 1861)

Freeth, Tony et al, "A Model of the Cosmos in the ancient Greek Antikythera Mechanism," *Scientific Reports*, 2021

Banu Musa Ibn Shakir *The Book of Ingenious Devices* (Translated by Donald R Hill) (D Reidel Publishing Company, Boston, 1979)

Karr, Suzanne *Constructions Both Sacred and Profane* (Yale University Library Gazette, 2004)

Hendry, Joy *Japan at Play* (London, Routledge, 2002)

Chapter 2

Tull, Jethro, *Horse-hoeing Husbandry Or, An Essay on the Principles of Vegetation and Tillage. Designed to Introduce a New Method of Culture* (A Millar, 2007)

Bayes, Thomas, "Essay Towards Solving a Problem in the Doctrine of Chances" (Royal Society, 1763)

De Fortis, Francois-Marie, "Eloge Historique de Jacquard" (Creative Media Partners, 2018)

Meabrea, Luigi Frederico, Lovelace, Ada, "Sketch of the Analytical Engine invented by Charles Babbage ... with notes by the translator" (1843, digitised 2016)

Hoe, Robert, *A Short History of the Printing Press* (Wentworth Press, 2021)

Tesla, Nikola, "Method of and Apparatus for Controlling Mechanism of Moving Vessels or Vehicles," U.S. Patent US613809A

Chapter 3

Čapek, Karel, *R.U.R.* (Rossum's Universal Robots) (Translated by Claudia Novack) (London, Penguin, 2004)

The New York Times, "Houdini Subpoenaed Waiting to Broadcast; Magician Must Appear in Court on Charge That He Was Disorderly in Plaintiff's Office," July 23, 1925

Popular Science Monthly, "Machines That Think" (January 1928)

Von Harbou, Thea, *Metropolis* (New York, Dover, 2015)

The New York Times, "Brigitte Helm, 88, Cool Star of Fritz Lang's Metropolis," 1996

Pollard, Willard V., "Position Controlling Apparatus," US Patent B05B13/0452

Moran, Michael, "Evolution of Robotic Arms," *Journal of Robotic Surgery* (2007)

Zuse, Konrad *The Computer: My Life* (Berlin, Springer Science & Business Media, 2013)

Leslie, David, "Isaac Asimov: centenary of the great explainer," *Nature* (2020)

Berkeley, Edmund, *Giant Brains, or Machines That Think* (New Jersey, Wiley, 1949)

Chapter 4

Koerner, Brendan, "How the World's First Computer Was Rescued From the Scrap Heap," *Wired* (2014)

Turing, Alan, "Computing Machinery and Intelligence," *Mind* (1950)

Bernstein, Jeremy, "Marvin Minsky's Vision of the Future,"

The New Yorker (1981)
McCarthy, Joseph, "A Proposal For The Dartmouth Summer Research Project on Artificial Intelligence," Dartmouth (1955)
Malone, Bob, "George Devol: A Life Devoted to Invention, and Robots," *IEEE Spectrum* (2011)
Markoff, John, "Nils Nilsson, 86, Dies; Scientist Helped Robots Find Their Way," *The New York Times* (2019)

Chapter 5

McCutcheon, Stacey Paris, "Neurosurgeon John Adler is a reluctant entrepreneur,' Stanford News (2018)
Matarić, Maja J. The Robotics Primer (Cambridge, Massachusetts, MIT Press, 2007)
Cheshire, Tom, "How Cynthia Breazeal is teaching robots how to be human,' Wired (2011)
"A Brief History of RoboCup,' RoboCup.org
Thomson, Elizabeth, "RoboTuna is first of new "genetic' line,' 1994, news.mit.edu
Anderson, Mark Robert, "Twenty years on from Deep Blue vs Kasparov: how a chess match started the big data revolution,' The Conversation (2017)

Chapter 6

"Sony Launches Four-Legged Entertainment Robot "AIBO" Creates a New Market for Robot-Based Entertainment,' Sony Corporation (1999)
Ackerman, Evan, "Honda Halts ASIMO Development in Favor of More Useful Humanoid Robots,' IEEE Spectrum (2018)
"MQ-9A "Reaper" Persistent Multi-Mission ISR,' General Atomics
Rose, Gideon, "She, Robot: A Conversation with Helen Greiner,' Foreign Affairs (2015)
"NASA's Record-Setting Opportunity Rover Mission on Mars Comes to End,' NASA.gov
Chandler, David, "MIT finishes fourth in DARPA challenge for robotic vehicles', new.mit.edu
Thrun, Sebastian, "Stanley: The Robot that won the DARPA Grand Challenge,' Journal of Field Robotics (Wiley Periodicals, New Jersey, 2006)
"What's HAL: The World's First Wearable Cyborg,' Cyberdyne.jp
"Robonaut 2 Technology Suite Offers Opportunities in Vast Range of Industries,' NASA.gov

Chapter 7

Design Museum, "Q and A with Madeleine Gannon,' designmuseum.org
"Police Robots Are Not a Selfie Opportunity, They're a Privacy Disaster Waiting to Happen,' Electronic Frontier Foundation
Metz, Cade, "What the AI Behind AlphaGo Can Teach Us About Being Human,' Wired.com
"AlphaGo: the Story so Far,' deepmind.com
Schwartz, Oscar, "In 2016, Microsoft's Racist Chatbot Revealed the Dangers of Online Conversation,' IEEE Spectrum (2019)
Reynolds, Emily, "The agony of Sophia, the world's first robot citizen condemned to a lifeless career in marketing,' Wired.com, 2018
"NASA's Astrobee Team Teleworks, Runs Robot in Space,' NASA.gov